华龙一号初级运行

主　编　徐利根
副主编　缪亚民　陈国才　侯英东

中国原子能出版社

图书在版编目(CIP)数据

华龙一号初级运行 / 徐利根主编. —北京:中国原子能出版社,2017.6

ISBN 978-7-5022-8161-8

Ⅰ.①华… Ⅱ.①徐… Ⅲ.①压水型堆—核电厂—运行—中国 Ⅳ.①TM623.91

中国版本图书馆 CIP 数据核字(2017)第 145826 号

华龙一号初级运行

出版发行 中国原子能出版社(北京市海淀区阜成路 43 号 100048)
责任编辑 宋翔宇
装帧设计 赵 杰
责任校对 冯莲凤
责任印制 潘玉玲
印　　刷 保定市中画美凯印刷有限公司
经　　销 全国新华书店
开　　本 787 mm×1092 mm 1/16
印　　张 7
字　　数 172 千字
版　　次 2017 年 7 月第 1 版 2017 年 7 月第 1 次印刷
书　　号 ISBN 978-7-5022-8161-8 **定 价 36.00 元**

网址:http://www.aep.com.cn **E-mail:atomep123@126.com**
发行电话:010-68452845

中国核工业集团公司
核电培训教材编审委员会

《华龙一号初级运行》
编辑部

主　编　徐利根

副总编　缪亚民　陈国才　侯英东

编　写　李晓雪　温庆邦　许斌亮　赵　彦　吴鹏飞
　　　　彭　靖　尚艳菲　曹绍敏　张明辉

校　对　王必勇　朱金刚　郝禄禄　吴新义　刘海蛟
　　　　龚　帅　任艳军　朱　露　郝　灿　宫清霖
　　　　杨尚明　陈武文

审　核　蔡黎勇　周　军　鲁忆迅　刘学春　叶应权

统　审　彭昆明　陈　森

总 序

核工业作为国家高科技战略性产业，是国家安全的重要基石、重要的清洁能源供应，以及综合国力和大国地位的重要标志。

1978 年以来，我国核工业第二次创业。中国核工业集团公司走出了一条以我为主，发展民族核电的成功道路。在长期的核电设计、建造、运行和管理过程中，积累了丰富的实践和理论经验，在与国际同行合作过程中，实现了技术和管理与国际先进水平相接轨，取得了骄人的业绩。

中国核工业集团公司在三十多年的核电建设中，经历了起步、小批量建设、快速发展三个阶段。我国先后建成了秦山、大亚湾、田湾三大核电基地，实现了我国大陆核电“零”的突破、国产化的重大跨越、核电管理与国际接轨，走出了一条以我为主，发展民族核电的成功之路。在最近几年中，发展尤为迅猛。截至 2008 年年底，核电运行机组 11 台，装机容量 907.82 万千瓦，全部稳定运行，态势良好。

进入 21 世纪，党中央、国务院和中央军委对核工业发展高度重视、极为关怀，对核工业做出了新的战略决策。胡锦涛总书记指出：“无论从促进经济社会发展看，还是从保障国家安全看，我们都必须切实把我国核事业发展好”。发展核电是优化能源结构、保障能源安全、满足经济社会发展需求的重要途径。2007 年 10 月，国务院正式颁布了《核电中长期发展规划（2005—2020 年）》。核电进入了快速、规模化、跨越式发展的新阶段。

在中国核电大发展之际，中国核工业集团公司继续以“核安全是核工业的生命线”的核安全文化理念和“透明、坦诚和开放”的企业管理心态，以推动核电又好又快又安全发展为己任，为加速培养核电发展所需的各类人才，组织核电领域专家，全面系统地对核电设计、工程建造、电站调试、生产准备和生产运营等各阶段的知识进行了梳理，构造了有逻辑性、系统性的核电知识体系，形成了覆盖核电各阶段的核电工程培训系列教材。

这套教材作为培养核电人才的重要工具，是国内目前第一套专业化、体系化、公开出版的核电人才培养系列教材，有助于开展培训工作，提高培训质量、节约培训成本，夯实核电发展基础。它集中了全集团的优势，突出高起点、实用性强，是集团化、专业化运作的又一次实践，是中国核工业50余年知识管理的积淀，是中国核工业10万人多年总结和实践经验的结晶。

21世纪是"以人为本"的知识经济时代，拥有足够的优秀人才是企业持续发展的重要基础。中国核工业集团公司愿以这套教材为核电发展开路，为业界理论探讨、实践交流提供参考。

我们要继续以科学发展观为指导，认真贯彻落实党中央、国务院的指示精神，积极推进核电产业发展。特别是要把总结核电建设经验作为一项长期的工作来抓，不断更新和完善人才教育培训体系。

核电培训系列教材可广泛用于核电厂人员培训，也可用于核电管理者的学习工具书，对于有针对性地解决核电厂生产实践和管理问题具有重要的参考价值。

中国核工业集团公司总经理 孙勤

2009年9月9日

前　言

福建福清核电有限公司5、6号机组(华龙一号)是我国具有完全自主知识产权的三代压水堆示范项目。两台机组相继于2015年5月7日和2015年12月23日开工。

“华龙一号”作为民族核电“走出去”战略的主打品牌,采用177个燃料组件的反应堆堆芯,能动和非能动相结合的设计理念,多重冗余的安全系统、单堆布置、双层安全壳等设计方案,全面贯彻“纵深防御”的设计原则,达到了国际三代核电技术的先进水平。华龙一号项目建设的顺利推进对提高我国核电自主创新能力,掌握具有自主知识产权核电技术,实现从“核大国”到“核强国”的跨越具有重大战略意义。

作为华龙一号人才培养系列教材中的入门教材,本书简洁明了、通俗易懂地介绍了“华龙一号”机组的主要工艺系统以及电厂整体启停和事故处理特点。共分为五章:第一章,华龙一号特性介绍;第二章,核岛主要系统;第三章,能动和非能动安全系统;第四章,常规岛、电气及其他系统;第五章,电厂启停和事故规程体系。

本书由福建福清核电有限公司培训处专职教员编写,并经过公司领导、生产准备处、设计管理处、调试管理处、培训处的各位专业人员校核、审查;教材内容力求简洁、严谨,适用于相关人员初学华龙一号主要工艺系统的功能、设备及运行过程。鉴于编者水平有限,书中不足之处在所难免,恳请读者批评指正!

编　者

目　录

第一章　华龙一号特性介绍

第二章　核岛主要系统

第三章　能动和非能动安全系统

第四章 常规岛、电气及其他系统

第五章 电厂启停和事故规程体系

第一章　华龙一号特性介绍

1.1　总体介绍

福清核电厂规划容量 6×1 000 MW，分三期建设。一、二期工程 1～4 号机组采用 M310＋改进工程技术方案，三期工程 5、6 号机组采用中国具有完整自主知识产权的三代核电技术——华龙一号。“华龙一号”是在我国三十余年核电科研、设计、制造、建设和运行经验的基础上，充分借鉴国际三代核电非能动安全的先进理念，深刻汲取福岛核事故教训，满足国际最严格的法规标准而研发的三代核电机型。

华龙一号技术定位和安全特点：

(1) 满足三代核电技术标准；

(2) 技术特色：177 堆芯、单堆布置、双层安全壳；

(3) 能动＋非能动系统：堆腔注水冷却、二次侧余热排出、安全壳热量导出；

(4) 抵御风险能力提高：提高抗震与抵御外部事件能力、提高抗商用飞机撞击能力、提高电厂的事故应急能力。

1.2　总体设计参数

福清三期工程“华龙一号”核电机组总体参数如下：

- 电站类型三环路压水堆
- 设计寿命　60 年
- 反应堆数量　2 个
- 汽轮机多级冲动式，有水平中分面、汽水分离和中间再热的机组，1 500 r/min
- 汽轮发电机数量　2 台
- 总体布置方式双机组径向布置，即两堆中心线的连线与汽轮机轴线相垂直
- 堆芯额定输出功率(单堆)　3 050 MWt
- NSSS 额定输出功率(单堆)　3 060 MWt
- 单机组最大连续出力(发电机端出力)　1 161.1 MWe
- 单机组厂用电　86.25 MWe
- 单机组净电功率(按最大连续出力)　1 074.85 MWe
- 电厂热效率(毛)(按最大连续出力)　38.07％
- 电厂热效率(净)(按最大连续出力)　35.24％
- 热耗　9 486 kJ/kW・h
- 设计负荷因子　80％
- 电厂可利用率　≥90％
- 基本运行方式以带基本负荷为主，并具有负荷跟踪运行的能力

• 电站控制系统设计能力：

—负荷阶跃变化 ±10%P_n(15%～100% P_n)

—负荷线性变化 ±5%P_n/min(15%～100% P_n)

• 汽轮机旁路系统容量 85%

• 日负荷循环方式 12-3-6-3

1.3 系统总体介绍

华龙一号核电厂通常可以分为三大部分：核岛、常规岛、电厂配套设施(BOP)(见图 1-1)。

(1) 核岛：反应堆及其有关的一回路主辅系统和设备以及所在的建筑物；

(2) 常规岛：汽轮发电机组及其有关的二回路系统和设备以及所在的建筑物，包括循环水系统；

(3) 电厂配套设施(BOP)：核岛、常规岛以外的配套设施，包括除盐水系统、氢气系统等。

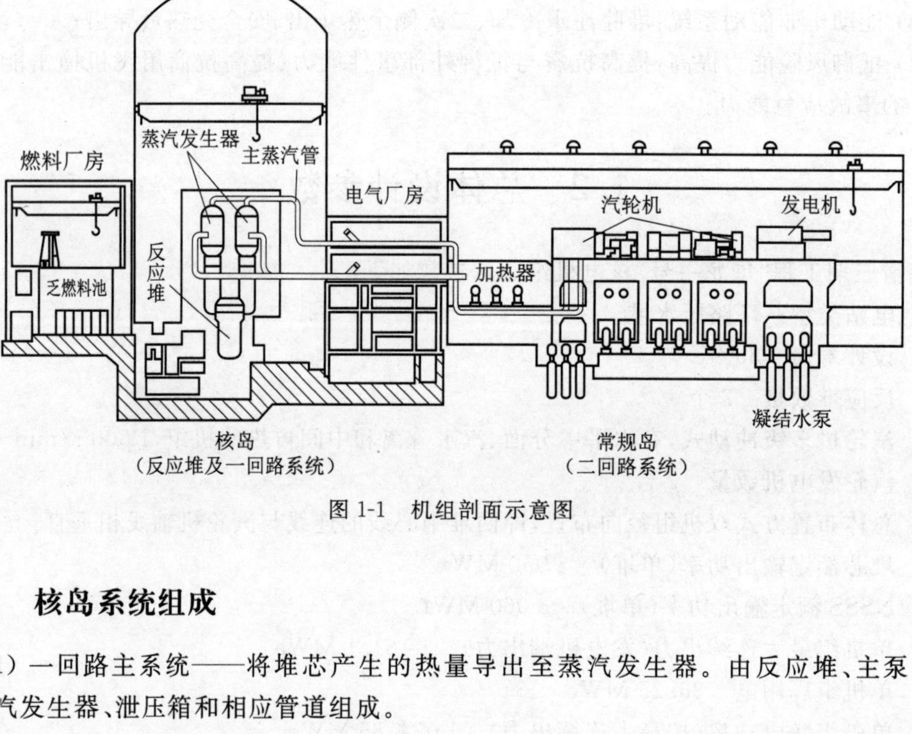

图 1-1 机组剖面示意图

1.3.1 核岛系统组成

(1) 一回路主系统——将堆芯产生的热量导出至蒸汽发生器。由反应堆、主泵、稳压器、蒸汽发生器、泄压箱和相应管道组成。

(2) 一回路主要辅助系统——保证反应堆和一回路正常启动、运行和停运，主要系统包括化学和容积控制系统(RCV)、余热排出系统(RHR)、硼和水补给系统(RBM)、反应堆和乏燃料水池冷却和处理系统(RFT)、设备冷却水系统(WCC)等。

(3) 安全系统——在事故工况下，确保堆芯的冷却和安全壳的完整性，限制事故的发展和减轻事故的后果。主要系统包括安全注入系统(RSI)、安全壳喷淋系统(CSP)、辅助给水系统(TFA)、安全壳隔离系统(CIL)、应急硼注入系统(REB)、堆腔注水冷却系统(CIS)、非能动安全壳热量导出系统(PCS)、二次侧非能动余热排出系统(PRS)、安全壳过滤排放系统(CFE)和安全壳消氢系统(CHC)等。

(4) 三废处理系统——回收和处理放射性废物以保护和监视环境。主要系统包括硼回收系统(ZBR)、固体废物处理系统(ZST)、放射性废液处理系统(ZLT)、放射性废气处理系统(TGT)、核岛废液排放系统(ZLD)、常规岛废液排放系统(WQB)、核岛疏水排气系统(RVD)等。

(5) 其他系统——通过监视等手段探测主要系统状态的设备及为确保各主要系统能正常地执行其功能的辅助设备。如:安全壳通风系统、核岛电气系统、堆内外测量、反应堆控制和保护系统等。

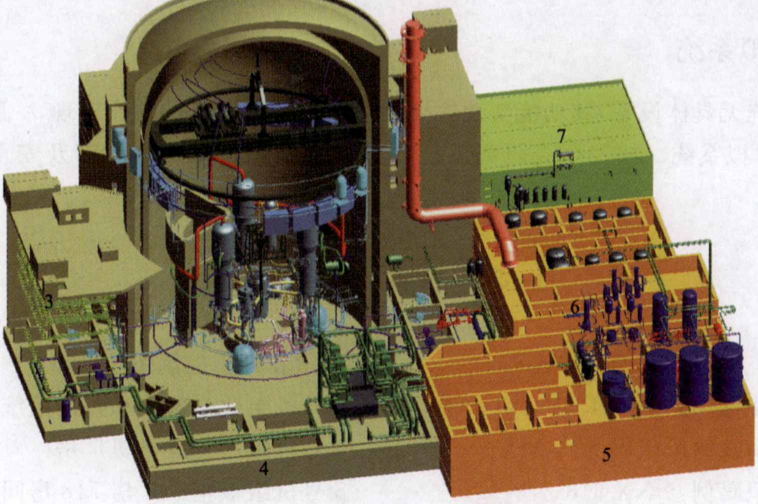

图 1-2　华龙一号核岛三维视图

说明:1—反应堆厂房;2—电气厂房;3—安全厂房;4—燃料厂房;
5—核辅助厂房;6—核废物厂房;7—人员通行厂房

1.3.2　常规岛系统组成

常规岛系统主要有:

(1) 蒸汽系统:主蒸汽系统(TSM)、汽水分离再热系统(TSR)、汽轮机旁路排放系统(TSC)、汽轮机蒸汽和疏水系统(TSD)和辅助蒸汽分配系统(WSD)等。

(2) 给水系统:凝结水系统(TFE)、低压给水加热器系统(TFL)、给水除氧器系统(TFD)、高压给水加热器系统(TFH)、主给水流量控制系统(TFM)、电动主给水泵系统(TFP)、启动给水系统(TFS)等。

(3) 汽轮机及其辅助系统:汽轮机润滑油、顶轴油和盘车系统(TTL)、汽轮机调节油系统(TTC)、汽轮机调节系统(TTG)、汽轮机保护系统(TTP)、汽轮机轴封系统(TSS)、凝汽器真空系统(TTV)等。

(4) 电气系统是电厂的一个重要组成部分,它主要包括以下系统及设备:

1) 发电机及其辅助系统:发电机定子冷却水系统(TGC)、发电机密封油系统(TGO)、发电机氢气供应系统(TGH)、发电机氢气冷却系统(TGM)、发电机励磁和电压调节系统(TGR)等。

2) 厂内外电源系统:500 kV 超高压系统(ETT)、主变压器和高压厂用变压器系统(ETM)、6.6 kV 配电盘系统(ESA/B/C/D/E/F/I)、380 V 配电盘系统(ERA)、220 V 直流电源系统(ETU)等。

1.3.3 电厂配套设施系统组成

电厂配套设施数目较多,它们不属于核岛或常规岛,但对保证核电厂的安全、稳定运行又是必不可少的。对应的系统主要有除盐水生产系统(WDP)、压缩空气生产系统(WAP)、氢气生产和分配系统(WHS)、通风冷冻系统等。

1.3.4 虚拟系统

部分系统无具体设备,其功能实现主要通过其他系统设备的动作实现,一般称之为虚拟系统,19 个虚拟系统。如安全壳隔离系统(CIL)、总体运行系统(OOS)及安全防火分区系统(SFZ)等。

1.4 代码编制说明

工艺系统标识代码例:RCV	化学和容积控制系统
设备功能标识码例:5 RCV 001 PO	5 号机组化学和容积控制系统 1 号泵
厂房和构筑物标识码例:5 MX	5 号机组汽轮发电机厂房
房间标识码例:5 NX 518	5 号机组核辅助厂房 518 房间

1.4.1 工艺系统标识代码

每个系统用三个字母代码标识,俗称"三字经"。

第一个字母表示系统所属的电厂功能类别,后面两个字母用来区分同一主要功能类别中的各个系统。

表 1-1 系统代码

系统代码第一个字母	功能类别
C	安全壳系统
E	电气系统
F	消防系统
H	起重及电梯系统
I	仪控系统
L	照明系统
P	非能动系统
R	反应堆相关
T	汽轮发电机/蒸汽转换系统

续表

系统代码第一个字母	功能类别
V	通风系统
W	压缩空气及水系统等辅助系统
Z	三废系统

1.4.2　设备功能标识号

(1) 组成

对于一个系统中每个设备，其完整的功能标识号按下列所示的方法构成：

1 位机组标识号＋3 位系统标识号＋3 位设备系列号＋2 位设备类型号。如：5 RCV 001 PO 表示 5 号机组化学和容积控制系统 1 号泵，常称为九位码。

(2) 机组识别号

5 表示 5 号机组

6 表示 6 号机组

7 表示 5、6 号机组共用

0 表示全厂共用

X 表示不指明某一机组或所有机组是相同的

(3) 设备类型号

俗称"二字经"，通常由两位字母表示。

L *：就地测量设备，如：LD(就地流量测量)

M *：模拟传感测量设备，如：MP(压力测量)

Q *：计数器，如：QC(转数计)

S *：逻辑(通断)传感器设备，如：SP(压力测量通/断信号)

Y *：试验测量设备，如：YN(标高测试)

V *：阀门，如下：

VA(空气阀门)　VB(不同于一回路冷却阀门的含硼水阀门)

VC(循环水阀门)　VD(除盐水阀门)

VF(燃料油阀门)　VL(凝结水和给水阀门)

VN(中间冷却水阀门)　VP(一回路冷却剂阀门)

其他重要二字设备功能代码：

BA(储罐-稳压器)；　BC(接线盒)；　CO(压缩机)；

CC(选择器开关或键盘)；　CR(箱子-分配器)；　CS(凝汽器)；

EC(屏蔽-计算机逻辑输入)；　EU(计算机模拟输入)；　EN(记录仪)；

GD(函数发生器)；　JA(断路器)；　PO(泵)；

RC(自动控制、遥控、中间控制和整定值控制站)；　RF(冷却器)；

TA(辅助厂用变压器)；　TC(汽轮机)；　TP(主变压器)；

TS(厂用变压器)；　ZA(高选模块)；　ZV(风机)

1.4.3 厂房和构筑物的标识码

每个厂房或构筑物的完整标识码构成：1位机组号＋2位厂房或构筑物代号。

厂房和构筑物可分为三大类：核岛厂房、汽轮机厂房、电站配套设施。

核岛厂房主要有：

(1) RX 反应堆厂房

(2) NX 核辅助厂房

(3) SL/SR 安全厂房

(4) KX 燃料厂房

(5) LR 电气厂房电气区

(6) DA/DB 应急柴油发电机厂房

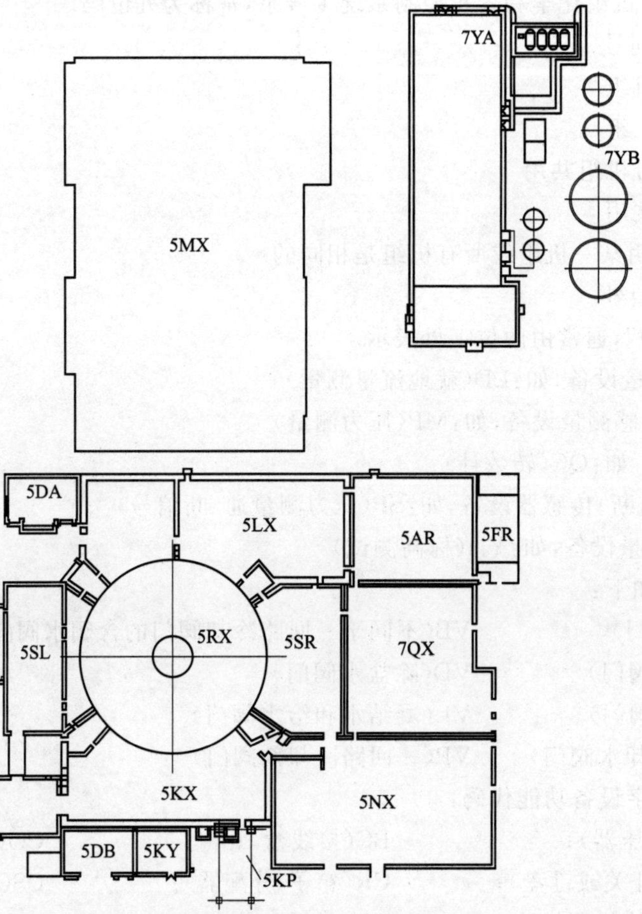

图 1-3 华龙一号机组总体布置图

1.4.4 房间标识

(1) 厂房内每个房间的完整标识构成

厂房或构筑物标识码＋房间号(层位号＋房间序号)

例如:5NA518 表示 5 号机组核辅助厂房 A 区 518 房间。

注:当厂房代号第一个字母足以标识该厂房时,其房间标识可简化如下:

5R318 表示 5 号机组反应堆厂房内 318 房间。

(2) 厂房和构筑物层位编号

1) 核岛厂房和构筑物(不含海工构筑物)层位的编号

主要厂房内各层的编号依据与室外地坪标高的相对位置来确定:

- 与现场室外地坪同高的层位编号为 3;
- 低于现场室外地坪同高的层位按需要编为 0、1、2;
- 高于现场室外地坪同高的层位按需要依次编为 4、5、6、7、8、9。

2) 泵站层位的编号

泵站内层位编号以筏基为基准,筏基高度编号为 0;高于筏基的层位依次编码为 1、2、3、4、5、6 等。

3) 汽轮机厂房层位的编号

- 底板编号为 0;
- 1:−8.5 m
- 2:+0.0 m
- 3:+9.0 m
- 4:+12.8 m
- 5:+20.5 m 及以上

(3) 汽轮厂房内设备所在区域的标识

汽轮机厂房内各楼层一般没有房间。包含汽轮机发电厂房(MX)、再生除盐水箱(PB)、仪用压缩空气储气罐(PC)和常规岛事故排油坑(FF)。

第二章　核岛主要系统

2.1　反应堆冷却剂系统(RCS)

2.1.1　系统功能

(1) 主要功能

1) 反应堆传热

反应堆冷却剂系统(RCS)的主要功能是将热量从反应堆堆芯传送到蒸汽发生器,然后由它传递给二回路系统。

2) 慢化中子

RCS系统内的反应堆冷却剂作为中子慢化剂,使快中子减速到热中子能量范围。

3) 反应性控制

硼酸溶解于反应堆冷却剂,在反应性控制中用于补偿氙气瞬态效应和燃耗。

4) 反应堆冷却剂压力控制

反应堆冷却剂压力由稳压器控制,以防止堆芯产生不利于传热的偏离泡核沸腾(DNB)。

(2) 安全功能

放射性边界。根据RCS系统的设计,在发生燃料包壳破损事故时,RCS系统管道作为防止放射性产物泄漏的边界。

2.1.2　系统描述

(1) 传热环路

RCS系统流程简图见图2-1。

RCS系统由并联到反应堆压力容器的三条传热环路组成。每条环路包括一台反应堆冷却剂泵(也称主泵)和一台蒸汽发生器。在运行时,通过反应堆冷却剂泵使加压水通过堆芯和传热环路循环。作为冷却剂、慢化剂和硼酸溶剂的水,在通过堆芯时被加热,然后流入蒸汽发生器,将热量传递给二回路系统后,再由反应堆冷却剂泵传输到堆芯重复循环。

位于反应堆压力容器出口和蒸汽发生器入口之间的管道称为热段,蒸汽发生器出口和反应堆冷却剂泵入口之间的管道称为过渡段,反应堆冷却剂泵出口和反应堆压力容器入口之间称为冷段。

(2) 压力控制

RCS系统还包括稳压器及其为反应堆冷却剂压力控制和超压保护所需的辅助设备。稳压器通过波动管线连接到1号环路热段。

压力控制通过稳压器的电加热器和喷淋阀的动作实现。喷淋系统由两个环路的冷段供

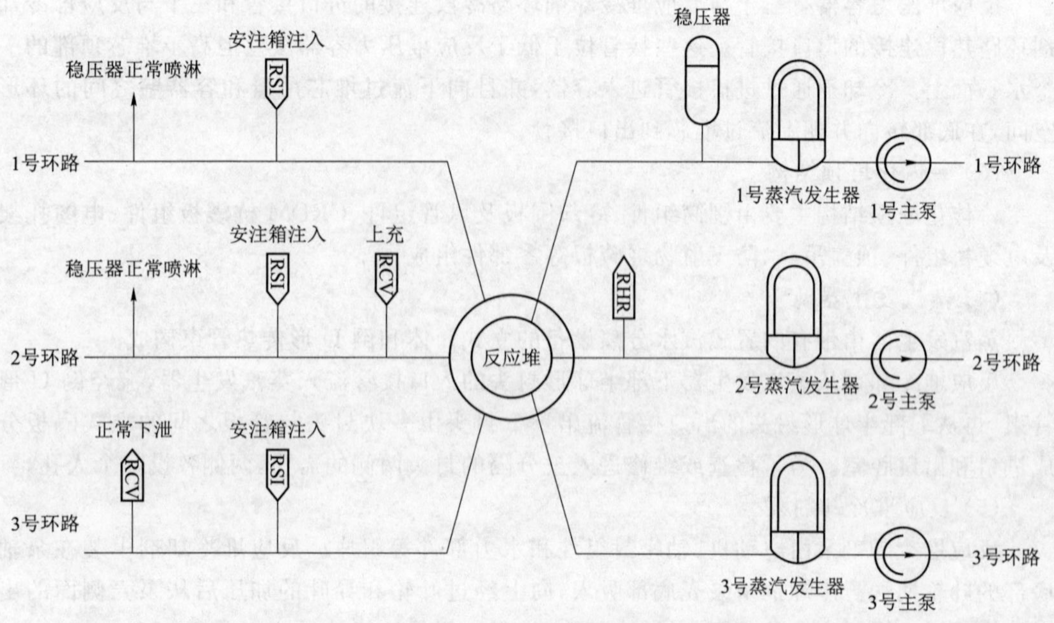

图 2-1　RCS 流程简图

水,并通过喷淋管连接到稳压器的上封头。电加热器安装在稳压器的下封头处。

稳压器的三个安全阀组为 RCS 系统提供超压保护。

2.1.3　设备描述

(1) 燃料组件及其相关组件

福清 5、6 号机组堆芯装载 177 个 AFA3G 燃料组件。

第一循环堆芯采用 OUT-IN 布置,最高富集度的燃料组件置于堆芯外区,较低富集度的两种组件按棋盘格式排列在堆芯内区。三区燃料组件富集度分别为 1.80%、2.40%和 3.10%。经过几次循环后,每次换料时向堆芯装入高富集度的新燃料组件,同时卸出富集度较低或燃耗较深的燃料组件。最终可达到 18 个月平衡换料。

每个 AFA-3G 燃料组件由 264 根燃料棒、24 根导向管和 1 根仪表管构成,燃料棒由稍富集的 UO_2 或 UO_2-Gd_2O_3 烧结芯块装在密闭包壳管中构成。

燃料相关组件包括:控制棒组件、可燃毒物组件、中子源组件、和阻流塞组件。

(2) 反应堆压力容器

反应堆压力容器内放置堆芯、堆芯支承结构、控制棒及其他与堆芯直接相关的部件。

反应堆压力容器包括反应堆容器、顶盖和紧固密封件。反应堆压力容器法兰和顶盖法兰用两道金属密封环密封。

反应堆压力容器的顶盖焊接有控制棒驱动机构(CRDM)密封壳和堆芯测量管座等。这些贯穿件通过密封焊与顶盖内侧连接。

反应堆压力容器在堆芯以下部分没有任何贯穿件。这就消除了反应堆压力容器失水事故下造成堆芯裸露的可能性。一体式 CRDM 密封壳,取消了下部 Ω 焊缝。顶盖取消通风罩支承,设置 12 个堆顶结构支承台,与一体化堆顶结构相适应。

反应堆压力容器有三个与反应堆冷却剂环路冷段连接的进口接管和三个与反应堆冷却剂环路热段连接的出口接管。这些接管位于低于反应堆压力容器法兰但高于堆芯顶部的一个水平面上。冷却剂通过进口接管进入容器,并且向下流过堆芯吊篮和容器壁之间的环形空间,在底部转向并朝上流过堆芯到出口接管。

(3) 一体化堆顶结构

一体化堆顶结构主要由围筒组件、冷却围板及风管组件、CRDM 抗震板组件、电缆托架及电缆桥组件、顶盖吊具、防飞射物屏蔽板等零部件组成。

(4) 蒸汽发生器

蒸汽发生器由带有内置式汽水分离设备的立式筒体和倒 U 形传热管束构成。

反应堆冷却剂从蒸汽发生器下部半球形封头的入口接管流入蒸汽发生器,流经倒 U 形管束,再从下部半球形封头的出口接管流出。下封头由一块封头与管板之间的立式隔板分成进口和出口腔室。为了检查或维修进入被分隔的封头两侧的需要,两侧各设一个人孔。

(5) 反应堆冷却剂泵

反应堆冷却剂泵由电动机、轴密封组件和水力部件等组成。反应堆冷却剂由装在泵轴底部的叶轮抽送。冷却剂从泵壳底部吸入,向上经过叶轮和导叶的加压后从泵壳侧面的出口接管排出。沿反应堆冷却剂泵轴的泄漏由串联布置的三级轴封控制。

(6) 稳压器

稳压器是一个立式圆筒形容器,承压壳体由筒体与上、下半球形封头组件组焊而成。

在下封头底部安装有六组穿过其半球形下封头的电加热元件;上封头装有喷淋管线、卸压管线、安全阀接管和快速卸压系统接管嘴。喷淋的冷水通过位于喷灌线末端的喷淋头到达汽空间。稳压器喷淋系统由两台独立的、自动控制的阀门组成,喷淋管线分别与两条反应堆冷却剂环路的冷段连接。

(7) 稳压器安全阀

由三个安全阀组提供稳压器的超压保护。每一个阀组由串联安装的两台阀门组成:

1) 一台提供卸压功能的上游阀门,称为“保护阀”;

2) 一台提供隔离功能的下游阀门,称为“隔离阀”。

在正常运行期间,保护阀关闭,隔离阀开启。如果保护阀在开启之后回座时失效,则隔离阀关闭,防止反应堆冷却剂系统进一步卸压。

2.1.4 系统运行

RCS 系统正常运行时,压力维持在 15.5 MPa(a),一回路冷却剂平均温度在 291.7 ℃和 310.0 ℃之间;三台反应堆冷却剂泵运行,由反应堆冷却剂持续将堆芯所产生的热量通过三台蒸汽发生器传递到二回路系统。在设计上,RCS 系统能承受 112 ℃/h 的温度变化率,运行技术规范要求控制温度变化率为 56 ℃/h 以内。

稳压器通过加热和喷淋控制反应堆冷却剂压力;压力升高时,喷淋系统喷淋从而冷凝稳压器内的蒸汽,防止稳压器压力达到先导式安全阀的整定值。压力降低时,电加热元件自动启动产生蒸汽,使压力维持在反应堆紧急停堆整定值以上。喷淋阀装有下部挡块,以便保持连续的喷淋流量从而减少喷淋管的热应力,并有助于在稳压器中维持冷却剂的水化学特性和温度的均匀。

反应堆冷却剂温度利用装在主管道上的温度计进行直接测量，这些温度值取决于反应堆的功率水平。对每个环路计算出反应堆冷却剂温差 ΔT（热段温度减去冷段温度）和冷却剂平均温度 T_{avg}（热段和冷段温度的平均值），这些信号用于反应堆控制和保护。

反应堆冷却剂要定期取样，以核查硼浓度、水质和放射性水平。必要时，调整硼浓度，以维持各控制棒组在其允许的棒位限值以内。反应堆冷却剂化学控制和泄漏补偿补水由化学和容积控制系统、反应堆硼和水补给系统来实现。

RCS 系统中应对严重事故的子系统包括压力容器高位排气系统和快速卸压系统。

压力容器高位排气系统能够有效消除事故过程中或事故后大量积聚在压力容器顶部的非凝结性气体对机组安全造成的重大威胁。该系统与压力容器顶部相连，包含正常排气子系统和事故排气子系统两部分，事故排气子系统用于应对严重事故。事故排气子系统由两个系列组成，事故工况下将压力容器顶部的非凝结性气体排放至卸压箱，并通过卸压箱最终排放到安全壳内。

快速卸压系统能够有效降低严重事故下高压熔堆的风险。该系统与稳压器顶部相连，共包括两个快速卸压系列，每个系列由一台电动闸阀和一台电动截止阀组成。快速卸压阀排放管接入稳压器安全阀排放管，通往卸压阀。在严重事故工况下，快速卸压系统排放的汽水混合物通过卸压箱，最终排放到安全壳厂房内。

2.2 化学和容积控制系统(RCV)

2.2.1 系统功能

（1）主要功能

化学和容积控制系统（RCV）能够给反应堆冷却剂系统（RCS）提供以下功能：

1）容积控制

该系统通过上充和下泄功能维持稳压器水位保持在设定范围内。

2）反应性控制：

与反应堆硼和水补给系统（RBM）相配合，调节冷却剂硼浓度以跟踪反应堆缓慢的反应性变化。

3）化学控制

该系统：

• 通过除盐装置除去腐蚀产物和裂变产物，控制反应堆冷却剂放射性水平；

• 控制反应堆冷却剂 pH、氧含量和其他气体含量，防止腐蚀、裂变气体积聚；

• 氮清扫：打开主回路前，在容控箱（RCV002BA）中加入中性氮，以避免氢气和空气混合产生爆炸的危险。

4）反应堆冷却剂泵的密封水注入

• 维持反应堆冷却剂泵密封水的注入流量；

• 收集反应堆冷却剂泵高压密封泄漏。

（2）辅助功能

1）在反应堆冷却期间，冷却剂泵停运时，为稳压器提供辅助喷淋；

2）实施 RCS 系统的充水、排气和水压试验；

3）当稳压器满水时，控制反应堆冷却剂的压力；

4）为余热排出系统(RHR)投入作准备(连接到 RCS 系统之前控制硼浓度、加热、加压)；

5）在换料或维修停堆期间通过与 RHR 之间的连接管线对冷却剂进行净化。

(3) 安全功能

在反应堆冷却剂系统发生极小破口的情况下，化学和容积控制系统能够维持 RCS 系统的水装量。

作为反应性控制系统，即便发生操作事故，如弹棒和卡棒，仍能保证反应堆停堆并维持反应堆处于热态次临界状态。本系统与 RBM 系统共同保证此项功能。

2.2.2 系统描述

(1) 系统流程

RCV 系统流程见图 2-2。

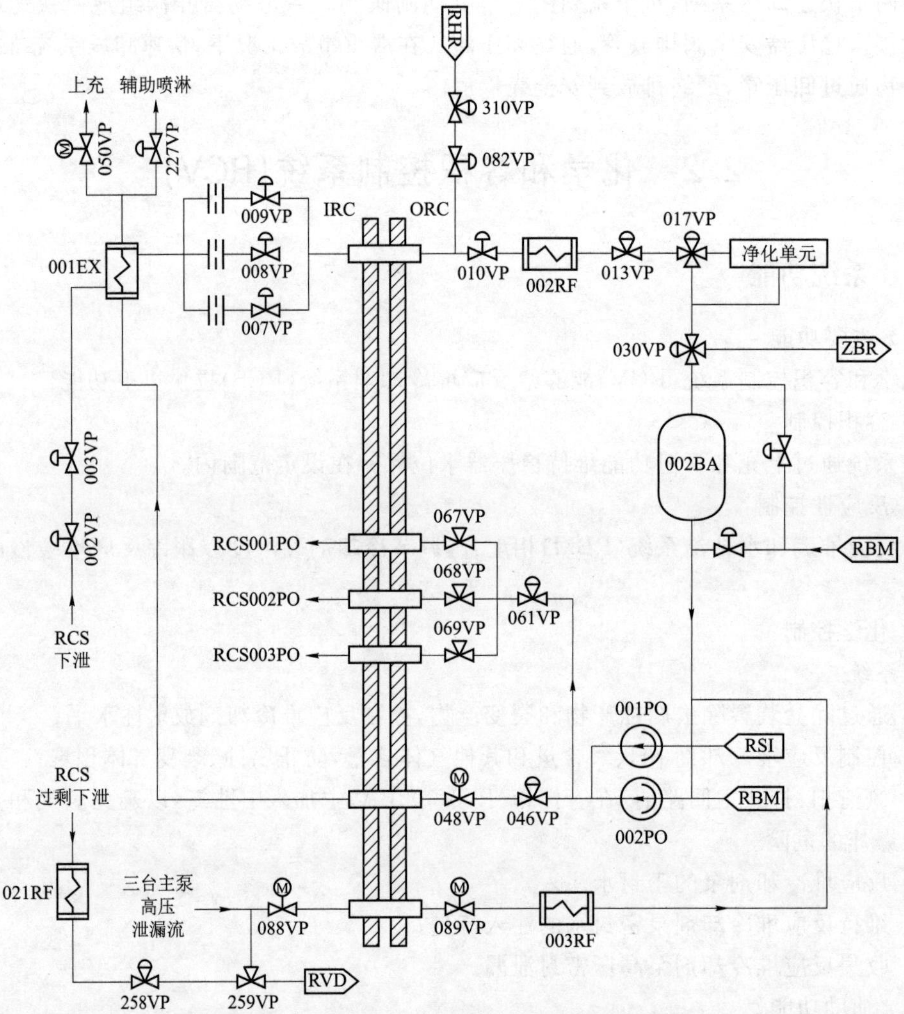

图 2-2 RCV 流程简图

（2）正常下泄和上充流程

正常运行期间，从一回路 3 环路冷段引出反应堆冷却剂，进入 RCV 系统的下泄回路，经过再生热交换器冷却（冷却源为 RCV 上充流量）后，通过三组并联的下泄孔板（正常时只有一组在运行）进行减压，然后离开反应堆厂房进入下泄热交换器进一步降温，然后它通过低压下泄阀 RCV013VP 进行第二次降压，RCV013VP 控制下泄孔板下游流体压力避免汽化。

下泄流经 RCV013VP 减压后依次经过过滤器和一台混合树脂床离子交换器，然后再过滤喷入容积控制箱。在除盐装置失效或下泄流高温时，下泄流通过三通阀 RCV017VP 导向除盐装置的旁路。

上充泵从容积控制箱吸水，并以高于 RCS 系统的压力输送反应堆冷却剂。正常运行期间一台上充泵负责正常上充运行，另外一台上充泵备用。

为保护离心式上充泵，设置了一根最小流量管线。再循环流从泵的出口排出，通过密封水热交换器返回到泵的吸入端集水管。

上充流分成两部分。大部分上充流量通过上充阀门进入反应堆厂房，上充阀门 RCV046VP 控制上充流量以调节稳压器液位。上充流量经过再生热交换器加热后，上充水的温度接近反应堆冷却剂温度，然后注入 RCS 系统 2 环路冷段。另一部分上充流用于反应堆冷却剂泵的密封注入。

另外，在再生热交换器下游管线上还设有一条稳压器喷淋管线，一旦反应堆冷却剂泵不能用时，该管线提供辅助喷淋功能。

（3）密封水注入流程

上充泵出口流的一部分流到反应堆冷却剂泵密封，以冷却反应堆冷却剂泵密封。从反应堆冷却剂泵高压密封泄漏管线返回的冷却剂流，经过密封水热交换器冷却后返回到上充泵吸入端。

（4）过剩下泄流程

在正常下泄通道不能运行的情况下，提供一条备用的下泄通道。反应堆冷却剂从冷段排出，经过剩下泄热交换器冷却后进入反应堆冷却剂泵高压密封泄漏的引漏总管，再通过密封水热交换器返回到上充泵吸入端集水管。

（5）RHR-RCV 下泄和 RCV-RHR 低压返回管线流程

在电厂冷却和启动期间，反应堆冷却剂的下泄主要从 RHR 系统引出。反应堆冷却剂从 RHR 热交换器出口排出，进入下泄非再生热交换器上游的下泄管线，依次流经非再生式热交换器和一个混合树脂床离子交换器后进入到容积控制箱，然后冷却剂通过上充回路返回 RCS 系统。

在上充泵停运的情况下，可以用 RHR 泵和 RCV-RHR 返回管线对反应堆冷却剂进行化学控制。

2.2.3　设备描述

（1）再生热交换器

再生热交换器的设计是为了回收下泄流的热量，以预热上充流。

为避免下泄孔板下游发生闪蒸，设置了流经 RCV046VP 的最小上充流量值，以限制再生式热交换器下泄出口温度。

(2) 下泄孔板

设置了三个相同的孔板,降低冷却剂压力(低于下泄热交换器的设计压力值)。

在反应堆正常运行期间,一个或最多两个下泄孔板投入运行。当 RCS 系统降压时,三个下泄孔板需要全部投入运行。

(3) 下泄热交换器

下泄热交换器用 WCC 系统将下泄流的温度降到适于除盐装置运行的温度。

(4) 净化单元

净化单元中有两台混合树脂床离子交换器和一台阳床离子交换器。

两台相同的混合树脂床离子交换器维持反应堆冷却剂的纯度。混合树脂床离子交换器应用锂型阳树脂和氢氧型阴树脂,使大部分裂变产物(铯、镱、钼除外)的浓度至少降低 10 倍。正常运行时,一台混合树脂床离子交换器运行,另一台备用。

阳床离子交换器装有 H 型阳树脂,它用于间断运行以控制锂浓度。

(5) 容积控制箱

容积控制箱 RCV002BA 在化容系统是很重要的设备,其作用有以下几个:

1) 作为一回路的缓冲箱,容纳稳压器不能吸收的一回路水容积变化

2) 控制反应堆一回路的含氧量,限制一回路冷却剂辐照分解产生的氧的含量,由 002BA 向一回路注入氢气;

3) 收集在 RCV002BA 中的释放出来的一回路放射性气体,定期排往废气处理系统;

4) 氮清扫:打开主回路前,加入中性氮,以避免氢气和空气混合产生爆炸的危险;

5) 作为上充泵的高位水箱,保持上充泵净吸入压头。

(6) 上充泵

两台上充泵 RCV001、002PO 为卧式多级离心泵,并联布置,分别由母线 A 和 B 列供电。正常运行时,一台泵投入运行而另一台泵备用。

每台泵装有一个润滑油增速器。正常运行时,用该增速器驱动油泵,给上充泵提供油压。泵启动之前,用电动辅助油泵提供油压。反应堆正常运行期间,上充泵提供上充流量和反应堆冷却剂泵密封水的注入。

(7) 调节阀

1) 下泄

下泄孔板下游的下泄压力用阀门 RCV013VP 调节。在 RCS 系统满水运行期间用 RCV013VP 控制 RCS 压力。

容积控制箱水位由阀门 RCV030VP 调节,在容积控制箱高水位情况下,该阀将下泄流切换到硼回收系统的前贮槽(ZBR 系统)。

来自 RHR 系统的下泄流用阀门 RCV310VP 调节。这些阀门按接受最大下泄流量设计。

2) 过剩下泄

过剩下泄流流量用一个调阀手动控制。

3) 上充

上充流量由阀门 RCV046VP 调节,调节上充流量在上、下限制范围内:

- 防止下泄孔板下游闪蒸所要求的最小流量；
- RCS 瞬态时，一台上充泵能输送的最大流量。

4）密封水注入

总的密封水注入流量用阀门 RCV061VP 控制。用手动阀来平衡三台反应堆冷却剂泵之间的密封水流量。

2.2.4　系统运行

反应堆功率运行期间和反应堆热停堆期间，反应堆冷却剂从正常下泄回路排出，过剩下泄回路、RHR-RCV 低压下泄回路、RCV-RHR 返回管道被隔离。按照反应堆冷却剂净化要求，一个下泄孔板维持正常下泄流，通过一台混合树脂床离子交换器连续运行和阳床离子交换器间断运行，除去反应堆冷却剂中离子态裂变产物。反应堆冷却剂通过正常上充管线返回 RCS 系统。辅助喷淋处于隔离状态。

上充流由流量控制阀 RCV046VP 自动控制，以使稳压器水位维持在它的设定范围内。

瞬态下，由于负荷变化引起的反应堆冷却剂水装量的波动，大部分由稳压器(RCS001BA)接收。对于反应堆冷却剂膨胀不能由稳压器接收的部分，由容积控制箱接收。

在正常冷停堆期间，三个下泄孔板保持开启。RHR-RCV 下泄接管投入运行，以保持有一个备用的反应堆冷却剂下泄通道，随时可以限制反应堆冷却剂系统偶然的超压。

下泄流从 RHR 热交换器出口排出，进入 RCV 系统再生热交换器下游，然后通过正常下泄通道并经上充回路返回 RCS 系统。

只要反应堆冷却剂系统没有完全降压就要维持密封水注入，以防止反应堆冷却剂通过轴密封向上流动。

当 RCS 系统冷停堆降压、换料或维修冷停堆时，上充泵停运，由 RHR 泵保证冷却剂净化流量，经 RCV-RHR 连接管线返回到 RHR 泵吸入口。容积控制箱通过压缩空气维持压力，提供密封水，RBM 硼酸泵从 IRWST 吸水，补偿容控箱提供的密封水注入流量。

当发生失去冷却剂事故(LOCA)、蒸汽管道的破裂事故时，安全注入系统(RSI)自动启动。安全注入信号发出后，下泄管线被自动隔离，密封水注入系统、上充管线继续运行。安全壳隔离 B 阶段信号隔离反应堆冷却剂密封返回管线。

当发生反应堆冷却剂系统小破裂时，使用一台上充泵，RCV 系统有能力应付不大于 10.6 mm 直径 RCS 水管道的小破口。此时反应堆紧急停堆并用 RCV 系统补偿冷却收缩，维持密封水注入流量，下泄隔离。

2.3　反应堆硼和水补给系统(RBM)

2.3.1　系统功能

(1) 主要功能

反应堆硼和水补给系统(RBM)通过化学和容积控制系统(RCV)实现以下主要功能：

1) 容积控制：RBM 系统为 RCV 系统提供所需的除氧除盐的含硼水，以补偿反应堆冷却剂系统的泄漏或补偿瞬态冷却引起的反应堆冷却剂的收缩。

2）化学控制：RBM 为 RCS 系统制备和注入联氨（N_2H_4）、氢氧化锂等化学药剂，以便调节反应堆冷却剂的含氧量和 pH。

3）反应性控制：为改变 RCS 系统含硼水浓度，RBM 系统可提供硼酸溶液或除氧除盐水，从而调节反应堆冷却剂的硼浓度，控制反应性的慢变化。

（2）辅助功能

RBM 系统还具有以下功能：

1）向稳压器卸压箱提供喷淋水。

2）为安全注入系统（RSI）内置换料水箱 IRWST 进行初始充水和补水（含硼浓度 2 400±100 ppm）。

3）向应急硼注入系统（REB）的硼酸注入箱（REB001、002BA）提供初始注入水和补给水，补给水硼浓度为 7 000～8 000 ppm。

4）为 RCV 容控箱（RCV002BA）充水。

5）向稳压器、RCV 和 RHR 系统的先导式安全阀充水。

（3）安全功能

RBM 系统中的硼酸部分与安全功能相关。本系统与化学和容积控制系统共同用于为反应堆冷却剂系统提供硼酸和除盐水。在所有预计运行事件期间，本系统应能保证反应堆安全停堆并维持反应堆次临界状态。

2.3.2 系统描述

（1）系统流程

RBM 系统流程见图 2-3。

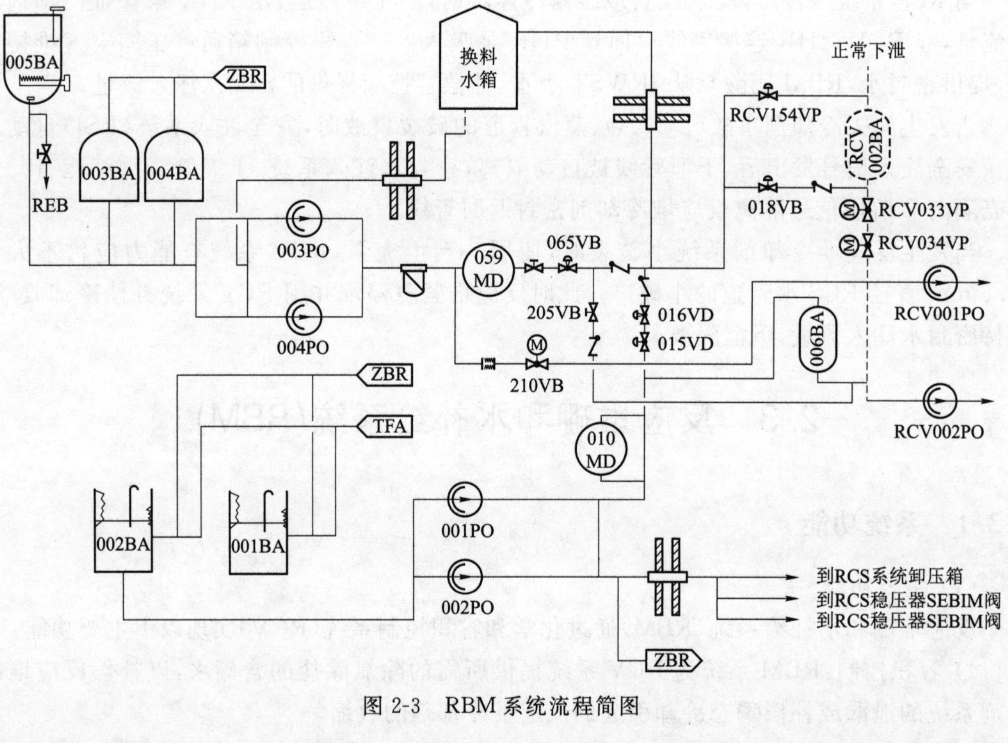

图 2-3 RBM 系统流程简图

(2) 除盐水部分

除盐水部分包括：

1) 两台补给水泵(RBM001、002PO)，两台泵并联布置。一台处以自动状态，根据运行需要自动启动，另外一台备用。这两台泵由应急柴油发电机提供备用电源，其中一台泵在系列 A 运行，而另一台泵在系列 B 运行。

2) 两个除盐水贮存箱(RBM001、002BA)，两台补给水箱的总有效容积为 $2\times410\ m^3$，保证在燃料循环末期(含硼 50 ppm)时，机组从冷停堆状态启动至额定功率时所需的稀释量。这个容量也保证机组热停堆在最大氙浓度重新启堆所需要的水容量。

3) 当一个补给水箱正在充水或备用时，两台泵可从另一个水箱抽水输送。

(3) 硼酸部分

硼酸部分包括：

1) 两台硼酸输送泵(RBM003、004PO)

在机组正常运行时，一台处以自动状态，根据运行需要自动启动，另外一台备用。这两泵由应急柴油发电机提供备用电源。其中一台泵在系列 A 运行，而另一台泵在系列 B 运行。

2) 三个硼酸箱(RBM003、004、005BA)

• RBM005BA 配制 4%～4.4%和 4%～4.57%的硼酸溶液：4%～4.57%硼酸溶液输送到应急硼注入系统(REB)的 REB001、002BA 硼酸注入箱中，4%～4.4%硼酸溶液输送到 RBM003、004BA 硼酸贮存箱中。

• RBM003、004BA 贮存 4%～4.4%硼酸溶液。每个硼酸贮存箱的有效总容积(可用体积)为 $140\ m^3$。硼酸贮存量能够保证反应堆达到冷停堆时，保持在次临界状态。首次注入的硼酸溶液在 RBM005BA 硼酸配料箱配置，正常运行时硼酸溶液的补充来自于硼回收系统。贮存箱通过氮封以防止氧气和二氧化碳使溶液氧含量超标。

(4) 化学试剂的注入

化学试剂在 RBM006BA 化学混合箱中配制，用补给水泵将配制好的试剂注入上充泵吸入侧。

2.3.3　系统运行

在机组运行的任何阶段，都需要本系统的水和硼酸溶液对反应堆冷却剂系统的水装量和硼浓度进行调节。

在正常运行期间，一台补给水泵和硼酸输送泵处于自动状态，另一台泵处于备用状态。

本系统有五种运行方式，每种运行方式可以由操纵员根据运行需要进行选择。这五种运行方式分别是：自动补给、缓慢稀释、快速稀释、硼化、手动补给。

正常运行时，使用自动补给方式，向化学和容积控制系统提供所需硼浓度的硼酸溶液，以补偿反应堆冷却剂系统的少量泄漏，自动补给的开始和结束由化学和容积控制系统的容积控制箱 RCV002BA 的液位信号控制。自动补给的硼浓度由操纵员设置，其值一般与反应堆冷却剂硼浓度一致。

当需要降低一回路硼浓度时，可由操纵员选择缓慢稀释或者快速稀释模式。稀释指令启动一台补给水泵，由 016VD 控制除盐水流量，将除盐水打入化学和容积控制系统。快速稀释同时打开阀门 RBM018VB 和阀门 RCV154VP，而缓慢稀释仅打开 RCV154VP。

当需要提高一回路硼浓度时，可由操纵员选择硼化模式。硼化指令启动一台硼酸输送泵，打开上充泵吸入侧的阀门 018VB，由控制阀 065VB 控制硼酸流量，将硼酸打入化学和容积控制系统。

手动补给方式用于以下两种情况：向容控箱 RCV002BA 中补水，以排出箱中的氮气或氢气；内置换料水箱的首次充水和补水。由操纵员将补给管线接入 RCV002BA 或 IRWST，然后发出手动补给指令，启动一台除盐水泵和一台硼酸输送泵，开启调节阀 RBM016VD 和 065VB，当硼酸和除盐水达到整定量时，停止补给。

2.4 余热排出系统(RHR)

2.4.1 系统功能

核安全的主要问题是要在任何情况下能够保证核燃料的持续冷却。反应堆的物理特性决定了核电厂需要设置余热排出系统(RHR)。

核电厂正常运行时，核反应产生的能量由一回路通过蒸汽发生器传递给二回路系统。反应堆停堆后，堆芯由于裂变产物的衰变，仍然会在很长一段时间内持续释放出功率(通常称为“剩余功率”)，加之反应堆冷却剂和设备的显热及主泵运行产生的热量，这些热量都需要排出。停堆初期堆芯余热仍由蒸汽发生器通过二回路以蒸汽的形式排放，当二回路或蒸汽发生器不能再运行时则由余热排出系统来保证堆芯的冷却。

(1) 主要功能

余热排出系统(RHR)的主要功能是在电厂停堆期间，在经蒸汽发生器初步冷却和降压后，从反应堆冷却剂系统(RCS)排出热量。

1) 将反应堆冷却剂温度降至冷停堆值；

2) 维持 RCS 的冷停堆温度；

3) 维持冷却剂通过堆芯的强制循环。

(2) 辅助功能

当压力下降到正常下泄系统无法运行时，可利用 RHR-RCV 间的接管进行反应堆冷却剂的下泄。这样在下列阶段也可以进行冷却剂的净化：

1) 反应堆冷却剂系统充水和静态排气；

2) 反应堆冷却剂系统升压和动态排气；

3) 反应堆冷却剂系统加热升温；

4) 蒸汽发生器的维修停堆；

5) 换料停堆。

当 RCV-RHR 返回管线开通时，即使不使用 RCV 上充泵也能完成反应堆冷却剂的净化。

(3) 安全功能

1) 在蒸汽管道破裂事故下，对反应堆进行冷却；

2) RCS 小破口事故时，如果 RCV 系统能维持稳压器水位则使用 RHR 系统来导出余热；

3）在冷停堆期间，通过 RHR 系统的卸压阀防止 RCS 系统超压。

2.4.2 系统描述

余热排出系统由两台余热排出泵、两台热交换器及相关的管道、阀门组成。系统流程见图 2-4：

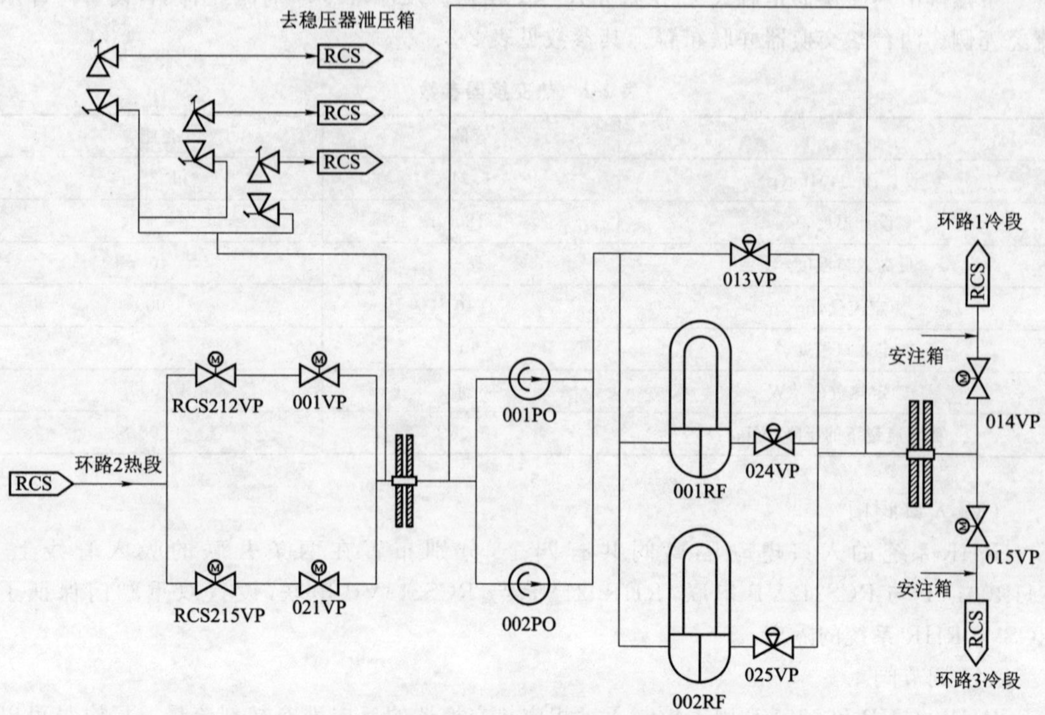

图 2-4 RHR 系统流程简图

余热排出泵 RHR001PO 和 RHR002PO 从反应堆冷却剂系统的 2 环路热段吸水，加压后送入一条母管。母管上设有三套安全阀组，用以避免一回路和 RHR 系统超压。母管的流量分别通过两个热交换器 001RF 和 002RF 及一条旁路管线后汇合，再通过安注箱的注入管线分别回到反应堆冷却剂系统 1、3 环路的冷段。

在出口总管线上引一条小流量循环管线回到泵的入口，用于保护余热排出泵，防止泵体过热。

2.4.3 设备描述

(1) 余热排出泵

余热排出泵为卧式单级离心泵。每台泵都装有由一回路冷却剂润滑的机械密封。泵的机械密封函和辅助冷却器由 WCC 水冷却。泵的主要参数见表 2-1：

表 2-1 泵的主要参数

设计压力/MPa(g)	6.21	额定流量(2 台泵运行)(m^3/h)	610
设计温度/℃	180	额定流量下总压头/m H_2O	77
运行温度/℃	15～180	最小流量/(m^3/h)	130

(2) 余热排出热交换器

余热排出热交换器是卧式 U 型管壳式热交换器。反应堆冷却剂流经管侧,设备冷却水流经壳侧。两台热交换器并联布置。其参数见表 2-2:

表 2-2 热交换器参数

	管侧	壳侧
设计压力,MPa(g)	6.21	1.35
设计温度,℃	180	93
最高入口温度,℃	180	40
额定流量,m^3/h	610	1 000
额定入口温度,℃	60	35
额定热负荷,kW	10 000	10 000
额定流量下的压降,MPa	0.06	0.08

(3) 入口阀门

RHR 系统的入口电动隔离阀共有四个,分别布置在两条并联的吸入管线上。RHR001VP 与 RCS212VP 串联,RHR021VP 与 RCS215VP 串联,设置双重阀门保证了 RCS 与 RHR 系统的隔离。

(4) 调节阀

RHR024VP 和 025VP 用于控制通过相应热交换器的反应堆冷却剂流量。操纵员可以根据一回路温度及升降温速率的需要,手动设定阀门开度值。一回路升降温度速率均要求控制在 28 ℃/h 以内。

阀门 RHR013VP 保证流经 RHR 系统的总流量恒定。该阀门的设计应能保证有足够的流量通过 RHR 热交换器。这样,即使阀门在全开位置发生故障,该系统也能导出余热。

此外,RHR013VP 的设计能确保一台 RHR 泵的流量不超过 1 500 m^3/h,即使在阀门 RHR013VP、024VP 和 025VP 处于全开的位置。

(5) 泄压阀

由三组卸压阀组为 RHR 系统提供超压保护。每个阀组由两个串联设置的卸压阀组成:

1) 一个是上游阀,此阀具有卸压功能,被称为“保护阀”;

2) 一个是下游阀,此阀具有隔离功能,被称为“隔离阀”。

正常运行时,保护阀关闭,隔离阀开启。如果保护阀开启后复位失效,则隔离阀关闭,以防止反应堆冷却剂系统进一步减压。

(6) 出口阀门

每条通向反应堆冷却剂系统 1 号环路和 3 号环路的返回管线上设置两台隔离阀,分别为：

1）电动阀 RHR014VP 和止回阀；

2）电动阀 RHR015VP 和止回阀。

这两台隔离阀可以保证 RHR 系统与 RCS 的隔离。

2.4.4　系统运行

核电厂正常运行时，RHR 系统处于隔离和备用状态。反应堆堆芯的热量由蒸汽发生器带出。

2.5　反应堆和乏燃料水池冷却水处理系统(RFT)

2.5.1　系统功能

（1）主要功能

反应堆换料水池和乏燃料水池冷却和处理系统（RFT）的作用主要就是保证乏燃料元件贮存池的持久冷却，以及反应堆换料水池的充水、排水和净化。

1）冷却

• 通过乏燃料水池冷却回路来排出贮存中的已辐照燃料元件所释放的余热；

• 反应堆压力容器或蒸汽发生器开启后，反应堆冷却剂系统和堆腔的冷却是由 RHR 系统来保证的，当 RHR 系统完全丧失功能时，RFT 的一列可作为替代系统使用。

2）净化

这一功能是去除水中的腐蚀产物、裂变产物和悬浮在水中的颗粒：

• 采用过滤和除盐方式来净化乏燃料水池和内置换料水箱中的水；

• 采用过滤方式来净化反应堆换料水池中的水；

• 采用池壁喷淋来净化池壁，同时池壁喷淋也可减少反应堆换料水池池壁上的剂量。

3）充水和排水

• 保持乏燃料水池中贮存隔室的水位，当水池贮存有乏燃料组件时，要保证水池中具有一定的水装量，绝对不能把隔室的水排空；

• 燃料转运舱和乏燃料容器装载井的充水和排水；

• 在每次定期倒换核燃料时，对反应堆换料水池进行充水和排水；

• 在安装水闸门后，对反应堆换料水池内的“压力容器”隔室和“堆内构件”隔室进行充水和排水。

当余热排出系统与 RCS 系统隔离、处于停运状态时，乏燃料水池对 RHR 系统进行充压，使之保持满水。

（2）安全功能

• 保持贮存在乏燃料水池里的乏燃料组件处于次临界状态；

• 捕获和留住分散在各腔室冷却剂中的污染物；

• 利用屏蔽水层保护人员不受已辐照燃料的影响。

2.5.2 系统描述

(1) 系统组成

整个系统包括内置换料水箱、3 台热交换器(RFT001、002、003RF)、6 台泵(RFT001～006PO)、1 台除盐器(RFT001DE)和 5 台过滤器(RFT001～005FI)。

水泵和热交换器构成的三个冷却系列为非对称性布置。每一冷却系列都能保证 RFT 系统正常贮存工况所需的冷却能力。换料大修期间,第三冷却系列可与第一冷却系列并列运行,用于增强 RFT 系统的冷却能力。一回路打开并满足一定条件时,第二冷却系列可作为 RHR 系统的备用。

该系统涉及水池 5 个:反应堆换料水池(包括压力容器隔室和堆内构件贮存隔室)、燃料转运舱、乏燃料水池、乏燃料装罐池和乏燃料屏蔽罐冲洗池。它们在电厂厂房中的位置关系见图 2-5:

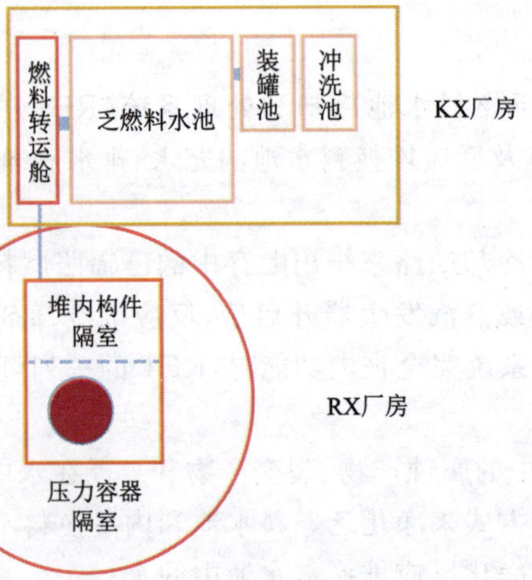

图 2-5 RFT 系统 5 个水池在厂房中的布置图

(2) 乏燃料水池、燃料转运舱和乏燃料装罐池管线

1) 冷却管线

乏燃料水池冷却流程见图 2-6:

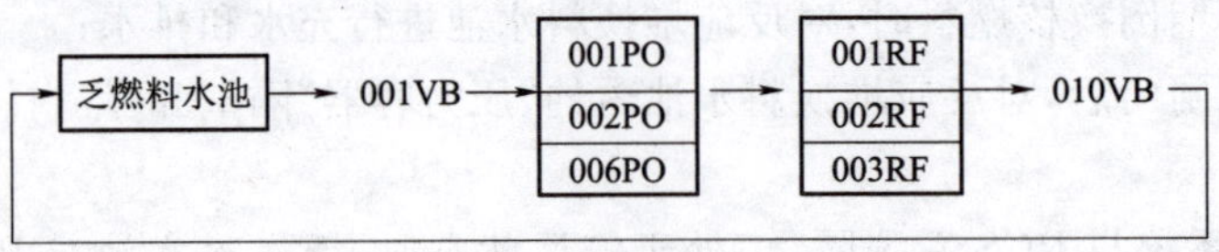

图 2-6 乏燃料水池冷却流程

2) 充水管线

充水流程为:内置换料水箱的水经过 RFT001、002、006PO 和 RFT001、002、003RF 后,由阀门 RFT010VB 进入乏燃料水池。内置换料水箱的水经过 RFT002PO 后,由阀门 RFT727、134VB 进入燃料转运舱和乏燃料装罐池。

3）排水管线

只要有乏燃料贮存，乏燃料水池的水一般不能被排掉。

其他两个水池的水一般通过 RFT135、165VB 重力排向内置换料水箱，也可以直接排向 RVD 系统，流程见图 2-7。

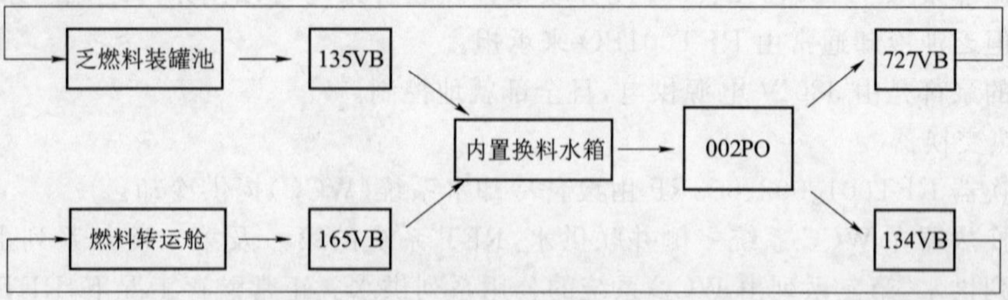

图 2-7　乏燃料装罐池、燃料转运舱排水管线

(3) 反应堆换料水池管线

1）净化管线

反应堆压力容器开盖和换料水池充水过程中，反应堆冷却剂是通过 RHR 系统送至 RCV 系统和 ZBR 系统的净化单元来进行净化的。当换料水池充满水后，则改用 RFT005PO 通过过滤回路来实现。

2）充水管线

换料水池的水可借助于 RFT002PO 进入反应堆换料水池，也可以利用 RSI 系统的低压安注泵通过环路来向反应堆水池充水（必须在反应堆压力容器打开之后）。

3）排水管线

在反应堆换料水池重力排水操作第一阶段，300VB 调节至大开度，以较大流量将反应堆换料水池里的水排到 RSI-IRWST。当水池里的水位降到反应堆压力容器法兰面时，即反应堆换料水池重力排水操作第二阶段，300VB 调节至小开度，排水流量限制于 75 m^3/h 附近。

在反应堆换料水池重力排水操作第二阶段，可以关闭 300VB，使排水过程暂停，同时运行 RFT005PO 对换料水池池壁进行喷淋。

(4) 乏燃料屏蔽罐冲洗池的充水和排水

用来冲洗乏燃料屏蔽罐的水是核岛除盐水分配系统（WND）的除盐水，使用之后的水排向 RVD 系统。

2.5.3　设备描述

(1) 水箱（内置换料水箱）

内置换料水箱能提供足够的含硼水：

1）在换料操作之前充满反应堆换料水池；

2）在 LOCA 或蒸汽管线破裂事故工况下，为安全注入（RSI）泵和安全壳喷淋（CSP）泵供水；

3）作为堆腔注水冷却系统 CIS 能动部分的水源。

内置换料水箱位于安全壳内的最低位置，兼作安全壳地坑，收集 LOCA 事故工况下通过破口进入安全壳的反应堆冷却剂，并收集安喷系统投入后的喷淋水。

内置换料水箱的水量要求保证换料期间使换料水池建立足够高的液位，并保证事故工况下内置换料水箱的液位满足安注泵和安喷泵有效运行所需的汽蚀余量要求。

(2) 水泵

冷却循环泵 RFT001、002、006PO 并联布置。三台泵均可以用来对乏燃料水池进行循环冷却。但乏池冷却通常由 RFT001PO 来承担。

所有的泵都是由 380 V 电源供电，且全部就地控制。

(3) 热交换器

热交换器 RFT001、002、003RF 由设备冷却水系统(WCC)提供冷却。

三个换热器在 WCC 系统一侧并联供水，RFT 系统的第一及第二冷却系列由 WCC 系统安全系列供水，第三系列由 WCC 系统的公用系列供水。正常贮存工况下，RFT 系统第一冷却系列连续运行冷却乏燃料水池；换料工况及事故工况下，RFT 系统第一冷却系列和第三冷却系列同时运行冷却乏燃料水池，用于增强 RFT 系统的冷却能力；一回路打开并满足一定条件时，第二冷却系列可作为 RHR 系统的备用。

(4) 阀门

除 RFT021VB 外，所有的阀门都是手动阀，在就地控制。

RFT021VB 为电动阀，正常时保持关闭，通过 RFT023VB 确保 RHR 充满含硼水。作为安全壳隔离阀，在接到安全壳 A 阶段隔离信号时自动关闭。

2.6 设备冷却水系统(WCC)

2.6.1 系统功能

(1) 主要功能

1) 冷却各种核岛热交换器；

2) 经过由重要厂用水系统(WES)冷却的热交换器将热负荷传递至最终热阱——海水；

3) 在核岛热交换器和海水之间形成屏障，防止放射性流体释放到海水中。

(2) 安全功能

1) 设备冷却水系统(WCC)的主要安全功能是：

在正常运行和事故工况下与重要厂用水系统(WES)一起把热量从重要的安全相关的房间、系统和设备传递到最终热阱—海水；

2) 从辐射安全的角度，当被冷却的热交换器可能受污染时，防止放射性流体释放到海水中。

2.6.2 系统描述

(1) WCC 系统组成

每个机组的设备冷却水系统包括两个独立的安全系列和一个公用环路，公用环路由两个系列中的任一系列供水。

1) 安全系列

设备冷却水系统中与反应堆安全设施和冷停堆有关的部分具有 100%的冗余度。其供水回路由两个独立的系列组成。这两个独立的安全系列分别由电源 A 系列和 B 系列供电，并由应急柴油发电机作备用电源。每个系列在事故工况下都能提供100%的应急冷却能力。

每个安全系列的组成：

2台100%的离心泵(A列：WCC001、003PO，B列：WCC002、004PO)

2个50%的WES/WCC热交换器(A系列001RF和003RF；B系列002RF和004RF)

1个波动箱(A列：WCC001BA，B列：WCC002BA)

2）公用环路

公用环路的冷却对象是指在事故工况下不需要提供冷却水的冷却器，它们可以通过任一安全系列供水，并可通过电动阀门(A系列041VN和058VN，B系列040VN和059VN)与系统的安全系列隔离。

(2) WCC用户

需使用设备冷却水的用户分为三类：

1）安全有关的热交换器，在处理事故时起重要作用；

2）在正常运行和丧失厂外电源时需要冷却的重要热交换器；

3）在正常运行时使用，而在丧失厂外电源后不立刻起作用的热交换器。

(3) WCC系统流程

系统流程见图2-8。

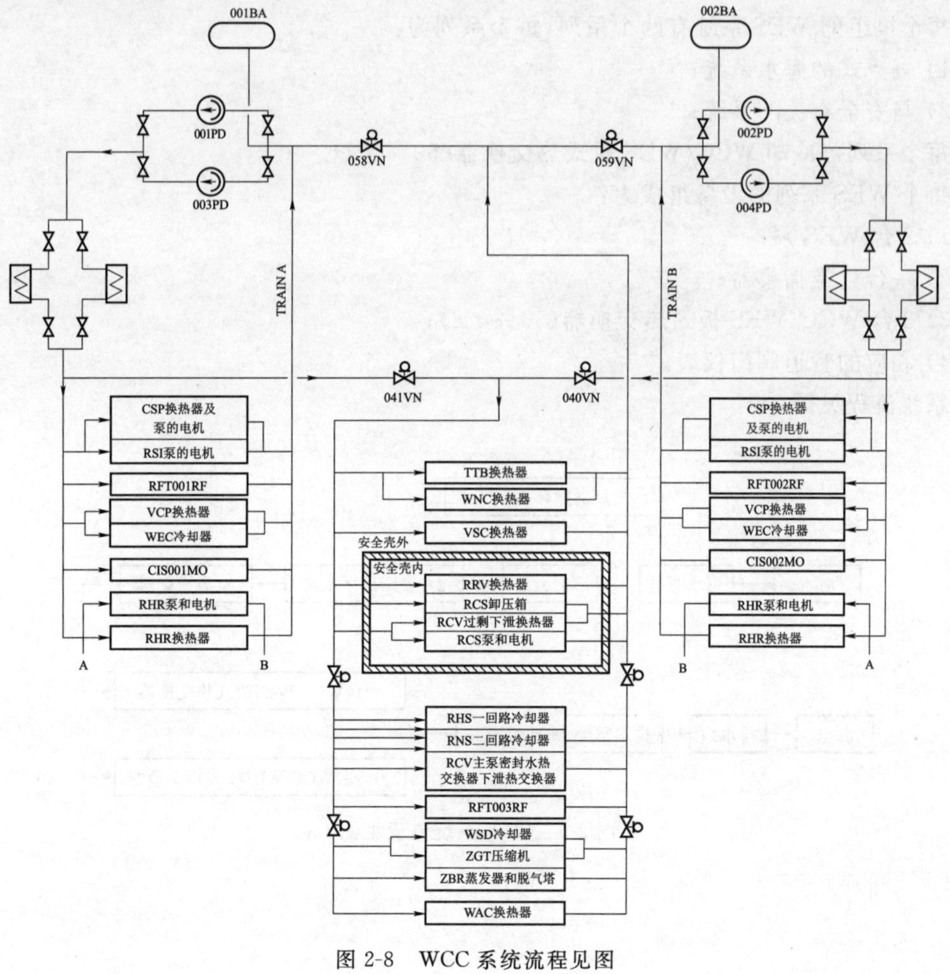

图2-8　WCC系统流程见图

2.7 重要厂用水系统(WES)

2.7.1 系统功能

(1) 主要功能

1) 重要厂用水系统(WES)的功能是把由设备冷却水系统(WCC)收集的热负荷输送到最终热阱——海水。该项功能由两条与安全有关的冗余系列来完成,它们用海水来冷却WCC系统的WCC/WES板式热交换器。

2) WES系统还通过向海水中加入浓度为1 ppm的NaClO溶液和设置贝类捕集器等措施来限制WCC/WES板式热交换器内有机物污垢的生成。

(2) 安全功能

安全功能用于在正常运行和事故情况下将从与安全有关构筑物、系统和部件来的热量输送到最终热阱。

2.7.2 系统描述

每个机组的WES系统有两个系列,每个系列为:

1) 直流式的海水系统;

2) 与安全有关的系统;

每个系列可冷却WCC/WES板式热交换器(50%×2)。

每个WES系列的设备组成为:

1) 2台WES泵;

2) 一台贝类捕集器;

3) 2台WCC/WES板式热交换器(50%×2);

4) 相应的管道阀门仪表。

系统流程见图2-9:

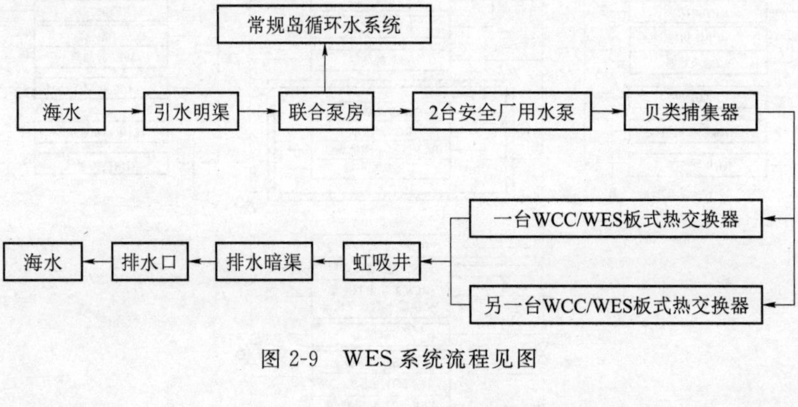

图2-9 WES系统流程见图

2.8 核仪表系统(RNI)

压水堆核电厂在启动过程及其后的运行中,必须通过核仪表系统(RHI)对反应堆的核功率进行连续不断的测量和监视。这一过程从反应堆启动到满功率运行,是不能间断的,其核功率的动态变化范围达 10 个数量级以上,而只使用一种探测器及其电子学测量处理通道要完成如此大范围的测量和监视,是很困难的。因此通常采用三种不同量程的通道,即源量程通道、中间量程通道以及功率量程通道,它们各自配备性能各异和测量范围不同的探测器。

2.8.1 系统功能

(1) 主要功能

核仪表系统(RNI)的功能是连续监测反应堆功率、功率水平的变化和功率分布。

测量的模拟信号被指示和记录,这样给操纵员提供在堆芯装料(附加仪表用于最初堆芯装料期间)、停堆、启堆和功率运行期间反应堆状态的信息。

四个功率量程通道的平均核功率信号被送到 DCS,经高选后的信号用于控制棒电路(棒控和棒位系统 RPC)的棒速程序。这四个平均核功率信号还送到多样化驱动系统(DAS)用于多样化目的。

四个中间量程功率信号用于 ATWT 缓解系统(ATWT 功能在 DAS 机柜实现)。

RNI 提供了测量中子噪声的电路,这些测量值的分析结果用于评估反应堆内部的振动响应(松脱部件和振动监测系统 ILV)。

当反应堆启堆、停堆时,在控制室和反应堆厂房中给出中子注量率音响指示和警报,以便提醒各方面的人员。

(2) 安全功能

核仪表系统的安全功能是在中子注量率高和中子注量率快变化时触发反应堆停堆,中子注量率高停堆之前,用信号闭锁自动和手动提棒(反应堆启动时除外)。

在地震情况下,各测量通道继续承担其保护功能。

来自 RNI 系统的轴向功率偏差信号用于确定超温和超功率 ΔT 反应堆停堆及提棒闭锁整定值。

2.8.2 系统描述

核仪表系统利用来自三种独立类型的仪表通道信号,提供三个独立的保护和监测区域:

1) 源量程由四个相同而独立的通道组成:RNI014MA、024MA、034MA、044MA,提供在停堆及初次启动期间的冗余中子注量率信号。探测器覆盖了从 10^{-1} n · cm^{-2} . s^{-1}～2×10^5 n · cm^{-2} · s^{-1}的注量率范围,这与所需要的量程一致,即 10^{-9}%FP～10^{-3}%FP(满功率)。

2) 中间量程由四个相同而独立的通道组成:RNI013MA、023MA、033MA、043MA,可提供冗余的中子注量率信号。探测器覆盖了范围约为 2×10^2 n · cm^{-2} · s^{-1}～2.7×10^{10} n · cm^{-2} · s^{-1}的热中子注量率,这与需要的量程一致,即 10^{-6}%FP～100%FP。

3) 功率量程由四个相同而独立的通道组成:RNI010MA、020MA、030MA、040MA,可提供来自堆芯六段的冗余中子注量率信号和一个平均注量率信号。探测器覆盖了范围约为 $5\times10^{2}\,n\cdot cm^{-2}\cdot s^{-1}\sim1.9\times10^{9}\,n\cdot cm^{-2}\cdot s^{-1}$ 的热中子注量率，这与要求的量程一致，即 10^{-6} %FP～200%FP。

所有仪表的量程可提供运行期间所要求的超功率反应堆的停堆保护。仪表量程互相覆盖以保证由源水平开始通过中间量程到高功率水平的连续反应堆控制和保护。

连续的启动运行或功率逐步提升，需要在较低量程水平的停堆由操纵人员手动闭锁以前，从下一个较高量程仪表通道送来一个允许信号。当降功率时停堆保护自动复位。

2.8.3 设备描述

RNI 系统包括 12 个独立保护通道：

1）4 个源量程通道

2）4 个中间量程通道

3）4 个功率量程通道

4）12 个保护通道安装在 4 个 RNI 机柜（RNI001、002、003、004AR）内。RNI 的控制功能由 RNI 系统的控制机柜（RNI005AR）完成。

本系统使用了如下三种类型的探测器：

1）源量程通道的硼衬基正比计数管；

2）中间量程通道的硼衬基 γ 射线补偿电离室；

3）功率量程通道的带有六个灵敏区段的硼衬基非补偿电离室（长电离室）。

探测器安装于两种类型的支架组件之内，四个相同组件中每一个包含一个源量程探测器和一个中间量程探测器。

2.8.4 系统布置

源量程探测器位于堆芯下部 1/4 线的高度上；中间量程探测器位于堆芯中线的高度上。功率量程探测器共有 6 个敏感段，3 个位于堆芯上部，3 个位于堆芯下部。在径向看，源量程和中间量程探测器分为两对，分别位于 90°和 270°方位上。4 个功率量程探测器布置在 4 个象限上。功率量程探测器的布置保证了可以探测轴向功率不平衡和径向功率不平衡的情况。

2.9 堆芯测量系统(RII)

2.9.1 系统功能

（1）主要功能

堆芯测量系统（RII）可实时、连续测量反应堆堆芯中子通量分布、燃料组件出口处温度、反应堆压力容器上封头冷却剂温度以及反应堆压力容器水位，并根据这些测量数据结合反应堆其他状态参数计算反应堆全堆芯的三维功率分布、燃料组件的线功率密度、DNBR、堆芯水位和最低过冷裕度等。从功能上，堆芯测量系统可以分成两个部分：堆芯中子通量测量和堆芯冷却监测（又分为温度测量、水位测量），各部分功能如下：

1）中子通量测量

堆芯中子通量测量系统完成以下功能：

• 采集自给能中子探测器的电流信号，实时测量堆芯中子通量，在线计算 DNBR 和 LPD，绘制通量图和运行图；

• 结合反应堆其他的工况数据，为堆外核测系统提供功率量程校准参数。

2）温度测量

堆芯温度测量测量反应堆燃料组件出口以及反应堆压力容器上封头腔室内反应堆冷却剂的温度，由此计算得出反应堆冷却剂最高温度和平均温度。此外，系统还根据反应堆冷却剂系统主回路压力和安全壳大气监测系统安全壳大气绝对压力计算反应堆冷却剂饱和温度，由此计算出反应堆冷却剂的最低过冷裕度。

3）反应堆压力容器水位测量

系统提供反应堆压力容器堆芯是否被冷却剂淹没的信息，当水位低于定值时向操作员提供相应的提示信息。

（2）安全功能

1）中子通量测量

堆芯中子通量测量系统不承担安全功能，不要求考虑事故后执行功能。但系统中的探测器组件作为反应堆冷却剂压力边界。

2）温度测量

温度测量系统不直接承担安全功能，但是，在事故工况下系统将连续进行温度测量和过冷裕度计算，以保证在事故和事故后工况下运行人员了解堆芯温度和堆芯过冷裕度的变化趋势。堆芯热电偶测量范围是 0～1 200 ℃，能在严重事故下完成堆芯温度测量。

3）反应堆压力容器水位测量

反应堆压力容器水位测量系统不承担安全功能，但在事故工况下系统将对压力容器水位进行持续监测，以便在事故期间和事故后，让运行人员了解反应堆冷却剂覆盖情况。

正常运行工况下（启堆以后），中子通量测量、堆芯温度测量、反应堆压力容器水位测量自动运行，不需要运行人员干预。

2.9.2 系统描述

（1）堆内测量机械结构

堆内测量机械结构安装在上部堆内构件上，为中子-温度探测器组件和水位探测器组件提供密封、导向和支承。堆内测量机械结构将探测器组件导向至燃料组件内，将水位探测器组件导向至测点位置。

堆内测量机械结构主要分为密封结构和导向结构两部分。

（2）堆芯中子通量测量系统

中子通量测量采用的探测器是铑自给能中子探测器（SPND）。沿堆芯径向布置 44 个堆芯中子通量测量通道，每个测量通道沿堆芯活性段高度等距布置 7 个自给能中子探测器。

铑自给能探测器工作原理是发射体材料铑与中子发生辐射俘获反应（n，γ），产生同位素，并在随后进行 β 衰变产生 β 粒子。β 粒子以一定几率逃脱发射体被收集体收集，发射体带正电，探测器输出一小电流。

(3) 堆芯冷却监测系统

1) 温度测量

温度测量由44支布置在反应堆压力容器内燃料组件出口处的K型热电偶实现。在每个测量通道上，7支SPND与1支热电偶(测量堆芯出口温度)集成为1根中子—温度探测器组件。此外，两支水位探测器组件中分别有一支参考端热电偶，用于测量反应堆压力容器上封头腔室温度。

为了冗余，温度测量分为两个系列(A和B)，每个系列包括22支测量燃料组件出口温度的热电偶以及1支测量反应堆压力容器上封头腔室温度的热电偶(由水位探测器组件中的对应热电偶代替)。

2) 反应堆压力容器水位

反应堆压力容器水位的测量原理是利用水汽传热性能的显著差异，通过比较加热热电偶与未加热热电偶测得的温差判定测点是否被冷却剂淹没。

反应堆压力容器水位由4支热传导式水位探测器组件进行测量，每支水位探测器组件在轴向上布置两个水位测点。4支探测器组件分为A、B两个系列，每个系列2支探测器组件共测量包括压力容器上封头、热管段顶部、热管段底部和堆芯顶部共4个水位点。

2.10 反应堆保护系统(RRP)

2.10.1 系统功能

反应堆保护系统(RRP)的功能是保护三大核安全屏障(即燃料包壳、一回路压力边界和安全壳)的完整性。

当运行参数达到危及三大屏障完整性的阈值时，保护系统动作触发反应堆紧急停堆，必要时启动专设安全设施。

2.10.2 系统描述

反应堆保护系统是广义的保护系统的一部分，它包括那些为了保护反应堆，根据电站参数变化而操作紧急停堆断路器和专设安全设施执行机构的全部电气设备。

广义的反应堆保护系统还包括上游的过程仪表系统(IPI)和核仪表系统(RNI)中有关保护参数的传感器，另外还包括下游的停堆断路器和安全驱动器。

RRP系统采集来自热工仪表组和核仪表组的信号，这些信号通过处理后得到相关逻辑保护信号，这些逻辑保护信号输出至反应堆停堆断路器和安全驱动器，确保反应堆安全。RRP主要保护动作有：

紧急停堆系统：反应堆停堆
汽轮机跳闸

专设安全设施：蒸汽管道隔离
安全壳隔离(A、B阶段)
安全注入
安全壳喷淋

主给水隔离
启动辅助给水
启动柴油发电机
启动应急硼注入
反应堆冷却剂泵停运
TSA 自动快速冷却
隔离受损蒸汽发生器的辅助给水

为了解决预期瞬态不停堆(ATWT)的有关问题,增加了一个额外的驱动系统(ATWT系统)。它的任务是在工况要求时给出信号,启动辅助给水系统、应急硼注入系统,使汽轮机刹车并给出紧急停堆信号,作为原有保护信号的补充。

另外,为了解决安全级系统平台发生软件共模故障的有关问题,除使用保护系统软件功能多样性分组外,还在现有的保护系统功能中选取部分保护功能,纳入到一个基于非安全级系统平台的多样化保护系统(DAS)中实现。它的主要功能有触发紧急停堆、汽轮机刹车以及启动安全注入、触发蒸汽管道隔离功能等。

2.11 反应堆控制系统(RRC)

2.11.1 系统功能

反应堆控制的基本目的是使一回路所产生的功率与二回路所吸收的功率相等,同时保证一、二回路的温度、压力等热工参数及堆芯功率分布等参数能满足各方面要求。

这些要求主要包括:

1) 一回路平均温度变化不能过大,以免一回路冷却剂容积变化过大,需要比较大的稳压器来补偿容积变化;

2) 避免上述同样原因使一回路排出的待处理的液体容积增加;

3) 蒸汽发生器出口压力不能过低,以免汽轮机效率降低、汽轮机末级叶片处蒸汽含水量过大;

4) 反应堆功率变化的速度必须满足一定的跟踪电网负荷变化的要求;

5) 避免跟踪电网负荷变化时控制棒组的移动过多,造成过大的堆芯功率分布畸变。

2.11.2 系统描述

RRC 由以下几个控制系统组成:

(1) 灰棒功率控制系统

功率补偿棒组(G 棒组)又称灰棒组,它包括 4 组棒:G1,G2,N1 和 N2,其中仅仅 G1 和 G2 才是灰棒。灰棒组用于补偿和功率变化相联系的反应性变化。在一定燃耗下,对应于每个功率水平有一个棒位。

(2) 反应堆冷却剂平均温度控制系统

平均温度控制系统通过测量一回路平均温度,与平均温度整定值比较后,经调节器产生调节信号,驱动 R 棒组动作,改变反应堆的反应性,从而维持一、二回路功率的匹配,使一回路平均温度等于其整定值。

(3) 稳压器压力控制系统

稳压器压力控制系统保证一回路压力在正常运行时保持在其整定值(绝对压力15.5 MPa),且在正常运行瞬态时不会引起反应堆紧急停堆,也不会使安全阀动作。

(4) 稳压器水位控制系统

稳压器水位控制系统使稳压器水位维持在其整定值,从而使稳压器能完成其保持所需的反应堆冷却剂系统压力的主要功能。

(5) 蒸汽发生器水位控制系统

蒸汽发生器水位控制系统的功能,是为了维持蒸汽发生器二次侧的水位在整定值上。蒸汽发生器水位整定值是由二回路负荷决定的。

(6) 蒸汽旁路排放系统

蒸汽旁路排放系统用来减缓由于汽轮机大量、快速降负荷而引起的核蒸汽供给系统温度与压力瞬变的幅度。反应堆功率不能象汽轮机负荷那样地减少,必须用向冷凝器、除氧器或大气排放主蒸汽的方法为反应堆提供一个人为的负荷,暂时排出汽轮机拒绝接受的能量。它包括向冷凝器排放部分和向大气排放部分。

2.12 棒控和棒位系统(RPC)

2.12.1 系统功能

(1) 主要功能

反应堆堆芯反应性或中子注量率的控制,是由两部分共同完成的。一部分是改变溶解于反应堆冷却剂中的可溶性化学硼浓度,另一部分则是移动含有中子吸收体的控制棒束在堆芯中的位置。

棒控棒位系统(RPC)用于提升、插入和保持控制棒束,并监视每一束控制棒束的位置。

(2) 安全功能

当反应堆紧急停堆时,无论是处于静止的还是运动中的所有棒束,都必须迅速地掉入堆芯。当反应堆保护系统触发停堆时,切断驱动机构的供电,所有的控制棒在重力的作用下,全部掉入堆芯。反应堆立即引入大量的中子吸收体,从而使反应堆处于次临界状态而停堆。

2.12.2 系统描述

RPC 系统主要包括棒控系统和棒位监测系统两部分。① 用于控制棒束运行的设备:控制棒驱动机构和驱动杆、驱动机构电子控制设备、手动操作和运行监视的控制室设备、产生控制棒束自动运行命令的控制装置、产生棒束提升联锁信号的控制装置;② 用于棒位监测的设备:棒位探测器、棒位位置的测量和处理设备、控制室监视设备。

根据控制棒组的组成不同,控制棒组可分为黑棒组和灰棒组:黑棒组件的吸收材料全部为银-铟-镉(80%-15%-5%);灰棒组的吸收材料每组含有 8 根银铟镉棒和 16 根不锈钢棒。

根据控制棒组功能的不同,控制棒组可分为两种类型:① 停堆棒组:SA、SB、SC 组;② 控制棒组:N2、N1、G2、G1 和 R 组。

2.12.3　系统运行

棒组以单独运行或重迭运行方式工作。重迭运行的优点是，在堆芯下半部移动的棒束吸收体和上半部一样多，这就避免了轴向功率不平衡的过大偏差，限制了由于棒束运动产生的假扰动效应，并对堆芯不同位置的控制棒提供了更均匀的微分作用。叠步示意图见图 2-10。

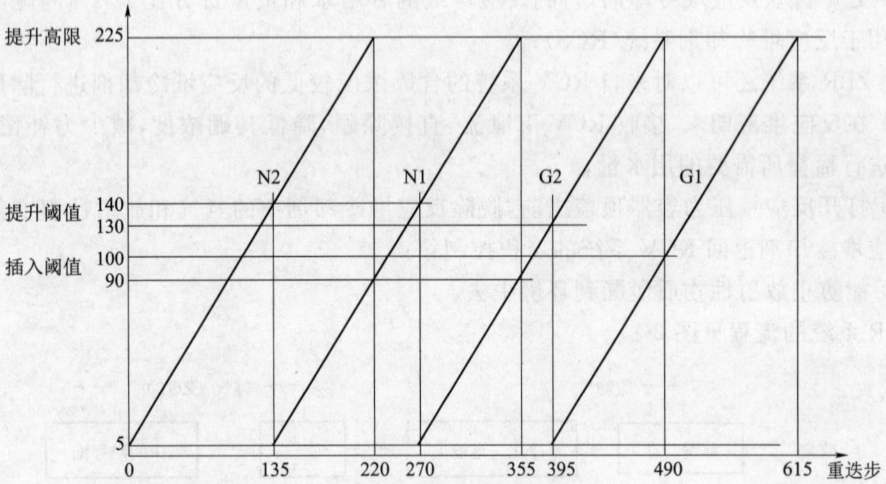

图 2-10　叠棒示意图

1）在反应堆正常运行期间，停堆棒组和温度控制棒组都以单独方式运行。停堆棒组按预先确定的速度手动运行，运动方向由操纵员设置。温度控制棒组可以手动或自动运行。

2）功率控制棒组 N2、N1、G2 和 G1 以重迭方式运行。控制棒组可以手动或自动运行。在控制室里可以控制手动运行，操纵员选择方向，而速度是预先确定的；在自动运行时，速度和方向由控制装置确定。

2.13　三废处理系统

2.13.1　三废处理系统综述

压水堆核电厂在运行期间，不可避免地产生放射性液体、气体和固态物质，为了避免周围环境遭受放射性污染、防止对居民和工作人员过量的放射性辐照，所有放射性废物在被排放到环境和进行最终处置前，必须对其进行收集、贮存、转型和处理。

放射性废物的收集、贮存、处理、监测和排放是在以下 9 个系统内进行的：硼回收系统（ZBR）、废液处理系统（ZLT）、废气处理系统（ZGT）、固体废物处理系统（ZST）、核岛废液排放系统（ZLD）、放射性废水回收系统（WSR）、常规岛废液排放系统（WQB）、核岛疏水和排气系统（RVD）、可降解废物处理系统（ZDT）。

2.13.2 硼回收系统(ZBR)

ZBR系统有三个处理工艺:净化处理工艺、水/硼酸分离处理工艺、除硼处理工艺。

ZBR的系统功能有:

(1) 收集化学和容积控制系统(RCV)下泄管线和核岛疏水排气系统(RVD)的反应堆冷却剂排水槽来的含氢反应堆冷却剂;

(2) 处理含氢反应堆冷却剂,得到反应堆级的补给水和重量百分比为4%的硼酸溶液,以便复用于反应堆冷却剂系统(RCS);

(3) ZBR系统还可以对来自RCV系统的含硼浓度较低的反应堆冷却剂进行除硼处理;

(4) 在反应堆寿期末,接收RCV下泄流,直接除硼,降低其硼浓度,减少为补偿慢反应性变化进行稀释所需要的用水量;

(5) 打开反应堆压力容器顶盖之前,脱除反应堆冷却剂中的氢气和放射性裂变气体,除气后反应堆冷却剂返回RCV系统的容积控制箱;

(6) 能防止放射性物质泄漏到环境中去。

ZBR系统的流程见图2-11。

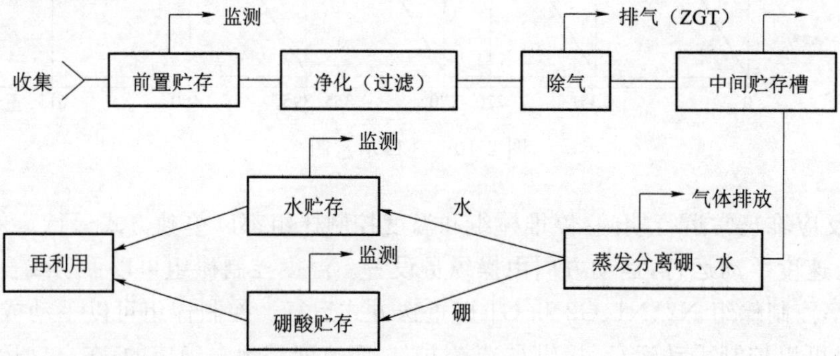

图2-11 ZBR流程示意图

2.13.3 废液处理系统(ZLT)

废液处理系统(ZLT)用于接收来自RVD、ZBR、ZST、ZLD和WSR、WQB系统的废液,对它们进行贮存、监测和处理。废液经过过滤、除盐、或蒸发处理和监测后排往ZLD系统,蒸发产生的浓缩液送往ZST系统进行装桶固化。

所有这些废液分为三个类型:

(1) 工艺排水:化学物质含量低、放射性浓度高的废液。

(2) 化学排水:化学物质含量高的放射性废液。

(3) 地面排水:化学成分不定、放射性浓度低的废液(其放射性浓度一般情况下低于排放限值)。

注意:上述划分取决于经济因素,目的是尽可能减少处理的总成本,包括固体废物的处理。分类处理标准及工艺见表2-3。

表 2-3　放射性废液处理标准及工艺

化学物质含量 \ 处理工艺 \ 放射性浓度	低(≤1×10^6 Bq/m³)	高
低	过滤	除盐
高	过滤	蒸发

ZLT 系统包括下列六个单元(处理工艺流程图见图 2-12):

(1) 前贮存单元

(2) 化学中和单元

(3) 蒸发净化单元

(4) 除盐净化单元

(5) 过滤净化单元

(6) 监测排放单元

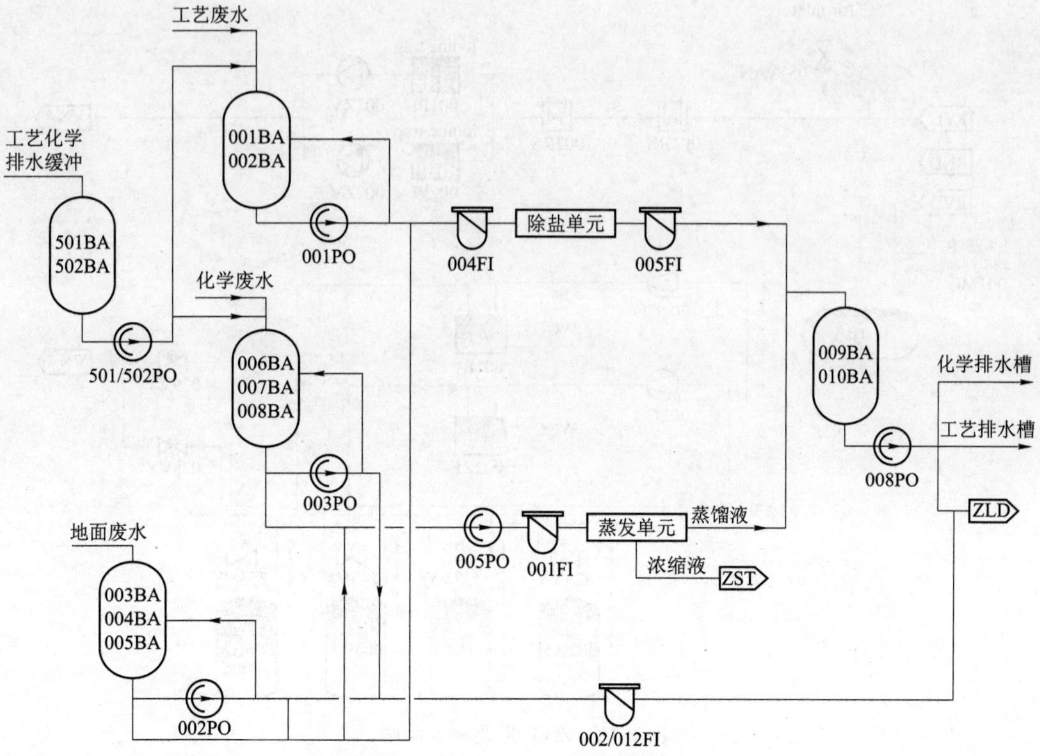

图 2-12　ZLT 工艺流程简图

2.13.4　废气处理系统(ZGT)

废气处理系统为单堆布置。用以处理在电厂正常运行工况和预计运行事件中产生的废气。防止放射性气体向环境泄漏,并将放射性气体进行贮存衰变,使放射性废气的排放保持在可接受的限值内。按照废气中的含氢量，放射性气体废物被分成两类：含氧废气、含氢废气。

含氢废气来自装有反应堆冷却剂的容器，即反应堆冷却剂系统(RCS)的稳压器卸压箱、化学和容积控制系统(RCV)的容积控制箱和核岛疏水排气系统(RVD)的反应堆冷却剂疏水箱。废气还来自于硼回收系统(ZBR)净化段的反应堆冷却剂除气塔。

含氢废气由氢气、氮气和裂变气体(例如 Xe、Kr)组成。进入本系统后采用压缩、贮存衰变的方法降低废气的放射性浓度。贮存期满后进行取样分析，如符合要求则排至核辅助厂房(NX)的通风系统，经通风系统的通风排气稀释后排向烟囱。

含氧废气来自容器的排气。核岛内装有放射性液体的箱、罐、贮槽要保持负压，以防止放射性气体向环境泄漏。箱、槽、罐的负压由 ZGT 系统含氧废气子系统的排气风机提供。通过 RVD 疏水排气系统集中于含氧废气母管中，在 ZGT 系统内经过除碘后由排气风机排至通风系统，用通风系统来的空气进行稀释以后排向烟囱(不经贮存)。

根据不同的废气处理工艺，废气处理系统包括两个独立的子系统(工艺流程简图见图 2-13)：含氧废气处理子系统和含氢废气处理子系统。

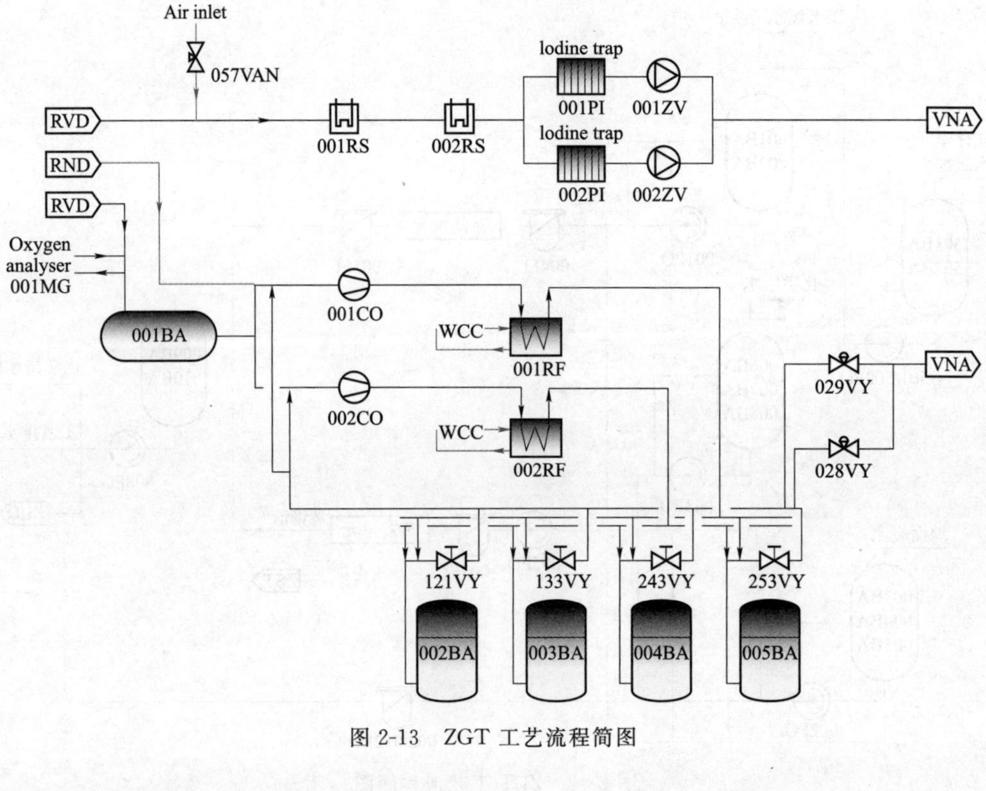

图 2-13 ZGT 工艺流程简图

2.13.5 固体废物处理系统(ZST)

根据需处理的固体废物的特点，将其分为五类，即：废树脂、浓缩液、废活性炭和沸石、废过滤器芯子和杂项干废物(受污染的纸、抹布、乙烯塑料等)。其来源为：

(1) 废树脂

废树脂由下列系统的除盐器产生：化学和容积控制系统(RCV)、硼回收系统(ZBR)、蒸汽发生器排污系统(TTB)、乏燃料水池净化系统(RFT)、废液处理系统(ZLT)。

(2) 浓缩液

主要来自 ZLT 的蒸发器,在特殊情况下,也来自 ZBR 系统的蒸发器和放射性机修及去污车间(属于 WSR 系统)。

(3) 废活性炭和沸石

来自 ZLT 系统工艺废液处理的深床过滤器。

(4) 废过滤器芯子

废过滤器芯子来自核辅助厂房(NX)和核废物厂房(QX)内 RCV、ZBR、RFT、ZLT 和 TTB 系统的水过滤器。通风系统的废过滤器芯不进行水泥固定。

(5) 杂项干废物

控制区产生的杂项干废物由低污染的可压实废物(例如污染严重的抹布、塑料、纸防护鞋套、口罩、手套、衣服等)和不可压实的固体小部件组成,收集在塑料袋内。

ZST 系统的功能是收集由 2 台机组产生的放射性"固体"废物,将废物暂存,并进行可能的放射性衰变,将废物处理和整备后封装在 400 L 钢桶中,然后将 400 L 钢桶废物送到固体暂存库。

2.13.6　核岛废液排放系统(ZLD)

ZLD 系统对废液进行监测,有控制地向海洋排放,在重要厂用水系统(WES)终端的排水沟处,按照向环境排放的标准要对废液进行稀释。它具有以下几个方面的功能。

(1) 槽式收集来自核岛的废液和下列系统的放射性废液:核岛排气和疏水系统(RVD);放射性废水回收系统(WSR);废液处理系统(ZLT);蒸汽发生器排污系统(TTB)(不复用时);常规岛废液收集系统(WLC)(特殊情况下)。

(2) 废液在罐内混匀、取样、监测,有控制地通过安全厂用水系统(WES)和海水循环水系统(WCW)的排水终端构筑物 CC 跌落井稀释排放。

(3) 下列情况下暂存放射性废液:

① 环境稀释能力不足;

② 核岛产生的废液量超过废液处理系统正常处理能力或废液处理系统(ZLT)不能使用时提供暂时贮存能力;

③ 取样分析或辐射监测系统(IRM)检测到排放废液超过正常放射性水平时提供暂时贮存。

(4) 将超过排放放射性水平的废液输送至废液处理系统(ZLT)处理。

(5) 监测并记录排放液态流出物的放射性浓度、流量和累积排放量。

2.13.7　常规岛液态流出物排放系统(WQB)

WQB 系统对废液进行监测,有控制地向海洋排放,在重要厂用水系统(WES)和循环水系统(WCW)终端的排水沟处,按照向环境排放的标准要对废液进行稀释。它具有以下几个方面的功能。

(1) 槽式收集来自核岛的废液和下列系统的放射性废液:

WLC:常规岛废液收集系统;

TTB:蒸汽发生器排污系统(不复用时或不向 ZLD 系统输送时)。

(2) 液态流出物在排放槽内混匀、取样分析、监测,并有控制地通过重要厂用水系统。

(3) (WES)和循环水系统(WCW)的排水沟渠至跌落井向大海排放。

(4) 下列情况下暂存放射性废液:ZLD 系统失效时;环境排放条件不足;取样分析或电厂辐射监测系统(IRM)检测的液态流出物放射性浓度超过排放管。

(5) 将超过排放放射性水平的废液输送至废液处理系统(ZLT)处理。

(6) 监测并记录排放液态流出物的放射性浓度、流量和累积排放量。

2.13.8 放射性废水回收系统(WSR)

放射性废水回收系统(WSR)专门用于有选择地回收位于核岛的热洗衣房、可降解废物处理设施、热更衣室和淋浴间产生的废液以及位于 BOP 的厂区化学试验室、放射性机修及去污车间、AC 和 AL 厂房的地面排水。在贮存和取样后,废液送到废液处理系统(ZLT)贮存、取样、处理和排放,或直接送到核岛液态流出物排放系统(ZLD)排放。

2.13.9 核岛疏水排气系统(RVD)

本系统收集来自正常运行、停堆换料或维修及启动、设备维修、正常泄漏、设备维修前排水、各种瞬态、事故后泄漏时,在核岛内产生的所有放射性废水和废气,并根据废物的性质,分别由各自的管网输送到位于核辅助厂房的硼回收系统(ZBR)、废液处理系统(ZLT)和废气处理系统(ZGT)。

在发生失水事故(LOCA)以后,收集在安全厂房和核辅助厂房疏水坑中的高放射性废水再注入反应堆厂房。

2.13.10 可降解废物处理系统(ZDT)

可降解废物处理系统(ZDT)为两台机组共用,其功能是将可降解防护用品进行降解处理,并对溶解废水进行暂存、处理、取样分析,最终输送至废液处理系统(ZLT)处理或放射性废水回收系统(WSR)排放。ZDT 最主要的作用就是大量减少杂项干废物的产量,尤其是可降解辐射防护用品。参考运行电厂 108 m^3 杂项干废物(其中可降解防护用品占 67 m^3)。

第三章　能动和非能动安全系统

3.1　应急硼注入系统(REB)

3.1.1　系统功能

应急硼注入系统(REB)用来在如下的事故瞬态时向反应堆冷却剂系统注入硼酸溶液，实现堆芯硼化，保证堆芯处于次临界状态：

(1) 在发生未停堆的预期瞬态事故(ATWS)工况下，应急硼注入系统向反应堆冷却剂系统(RCS)快速注入浓硼酸溶液，将堆芯带入次临界状态；

(2) 在发生任何需要向反应堆冷却剂系统补硼或者补水的事故工况下，如果其他补硼或补水途径不可用，都可以手动启动 REB 系统，实现向 RCS 系统的补水和硼化。

3.1.2　系统描述

应急硼注入系统包括 A、B 两个完全独立的系列，每个系列的容量为 50%。系统流程简图见图 3-1。每个系列包含：1 台硼注泵、1 台硼酸注入箱、1 条硼酸再循环回路、1 个安全阀。

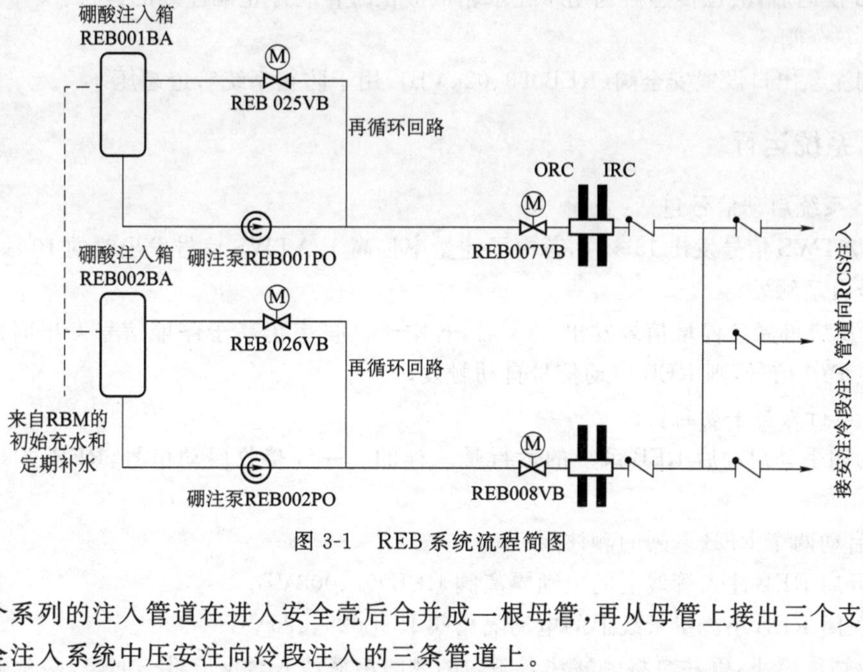

图 3-1　REB 系统流程简图

两个系列的注入管道在进入安全壳后合并成一根母管，再从母管上接出三个支管，分别接至安全注入系统中压安注向冷段注入的三条管道上。

硼酸再循环回路用来定期循环硼酸注入箱内的硼酸溶液，以确保硼酸注入箱内的硼的均匀。电厂正常运行期间，再循环回路隔离阀处于开启状态，并在 REB 系统启动信号时自动关闭。再循环管线也用于硼注泵的定期试验。

在接到 REB 系统启动信号时，两个系列的泵同时启动，从硼酸注入箱取水，向 RCS 系统冷管段提供硼酸注入。

3.1.3 设备描述

(1) 硼注泵

硼注泵(REB001、002PO)为活塞泵，由双动式液压缸驱动。

泵由以下各部件组成：

1) 泵组，包括液压缸；

2) 液压系统，主要包括油箱、主油泵、增压泵、空气冷却器。

在电厂正常运行期间，硼注泵处于备用状态；硼注泵由 ATWS 事故保护信号或堆芯中子通量高信号自动启动；其他事故工况下，如果需要 REB 投运，则操纵员手动启泵。

硼注泵投运后，从硼酸注入箱吸硼酸溶液，泵有足够的压头确保在任何一回路压力下都能够向堆芯注入硼酸溶液。

通过返回硼酸注入箱的再循环管线，硼注泵也用于定期循环硼酸注入箱内的硼酸溶液。

(2) 硼酸注入箱

硼酸注入箱(REB001、002BA)为立式圆柱形常压容器。每台硼酸注入箱设有人孔。

硼酸注入箱的初始充水和定期补水通过反应堆硼和水补给系统(RBM)实现，硼浓度不低于 7 000 ppm。

硼酸注入箱设置有温度和液位传感器，用于在机组正常运行期间监测水箱的温度和液位。REB 投运后，液位传感器也用于在水箱低液位时自动停止硼注泵的运行。

(3) 安全阀

在硼注泵出口设置安全阀(REB023、024VB)，用于防止系统管道超压。

3.1.4 系统运行

REB 系统启动信号包括：

(1) ATWS 信号发出 15 s 后，若中子注量率仍高于 ATWS 信号发出时的 10%，则 REB 启动信号自动触发；

(2) 反应堆紧急停堆信号发出 15 s 后，若中子注量率仍高于停堆信号发出时的 10%，同时存在 P10 信号，则 REB 启动信号自动触发；

(3) 运行人员手动触发。

自动和手动启动后 REB 系统的运行是一样的。一经接收启动信号，REB 立即执行如下动作：

1) 启动两个 REB 系列的硼注泵；

2) 开启 REB 注入管线上的电动隔离阀 REB007、008VB；

3) 关闭 REB 小流量管线上的电动隔离阀 REB025、026VB。

在上述配置下，硼注泵将硼酸注入箱内的硼酸溶液注入至反应堆一回路，两台硼酸注入箱的容量足以保证将堆芯带入并维持在次临界状态。

操纵员根据相关堆芯参数判断实际的硼化效果，如果已达到要求，操纵员可手动停运系统，或当硼酸注入箱内的溶液用完时，系统自动停运。

为防止硼酸结晶，当出现硼酸注入箱硼酸溶液低温报警时，操作员可手动启动硼注泵，通过循环管线对硼溶液进行搅混。

3.2　安全注入系统(RSI)

3.2.1　系统功能

(1) 安全功能

在反应堆冷却剂系统发生失水事故或主蒸汽系统发生管道破裂事故时，安全注入系统(RSI)完成堆芯应急冷却功能：

1) 在失水事故情况下，通过向堆芯注入含硼水，能防止燃料包壳熔化，并保持堆芯的几何形状和完整性；

2) 在主蒸汽管道破裂事故工况下，本系统向反应堆冷却剂系统注入硼酸溶液，以补偿由于不可控地产生蒸汽致使反应堆冷却剂过冷而引起的容积变化，并限制反应性的迅速上升。

在失水事故工况下，本系统的部分承压边界作为安全壳的延伸，具有安全壳屏障的作用。

(2) 辅助功能

安注系统提供如下辅助功能：

1) 在换料冷停堆期间，向反应堆换料水池充含硼水；

2) 利用水压试验泵 RSI011PO，对反应堆冷却剂系统进行水压试验；

3) 在失去全部电源时，利用水压试验泵电源系统为水压试验泵供电，向反应堆冷却剂泵注入轴封水；

4) 在停堆期间半管水位时，当堆芯失去余热排出系统(RHR)的冷却时，安注系统向堆芯自动补水；

5) 在全厂断电(SBO)工况下，当需要通过向一回路临时紧急注水来缓解事故时，可根据严重事故管理导则的相关规定，通过安注系统低压安注管道实施一回路紧急补水。

3.2.2　系统描述

RSI 系统主要包括能动注入部分和非能动注入部分。

能动部分包括中压安注子系统(MHSI)和低压安注子系统(LHSI)，流程简图见图 3-2；具有足够的设备和流道冗余度，即使发生单一能动或非能动故障，仍能完全保证系统的运行可靠性和连续的堆芯冷却。

非能动注入部分即安注箱注入子系统，流程简图见图 3-3；包括三条独立的安注箱排放管线，每条管线连到一个反应堆冷却剂环路的冷段上。

(1) 中压安注子系统(MHSI)

中压安注子系统主要包括两台中压安注泵和相关的管道。

一旦发生事故，MHSI 泵由安全注入信号(“SI”)自动启动，从内置换料水箱(IRWST)

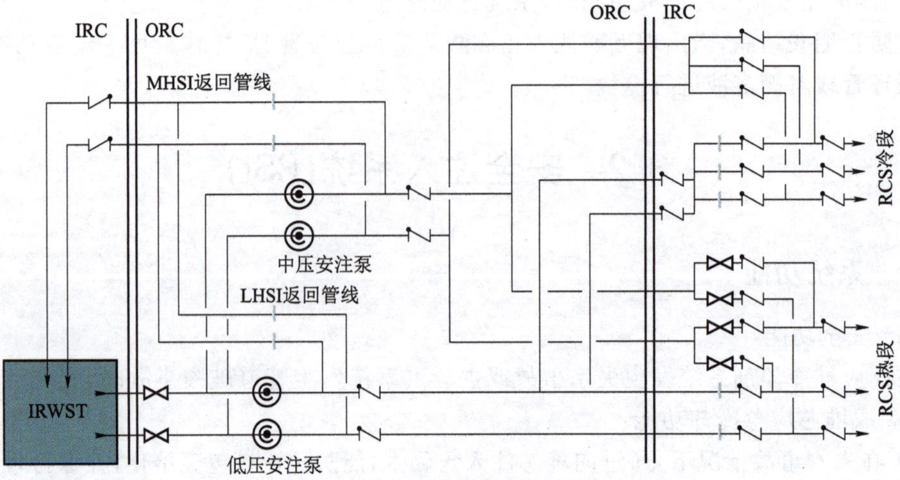

图 3-2 中压安注、低压安注子系统流程简图

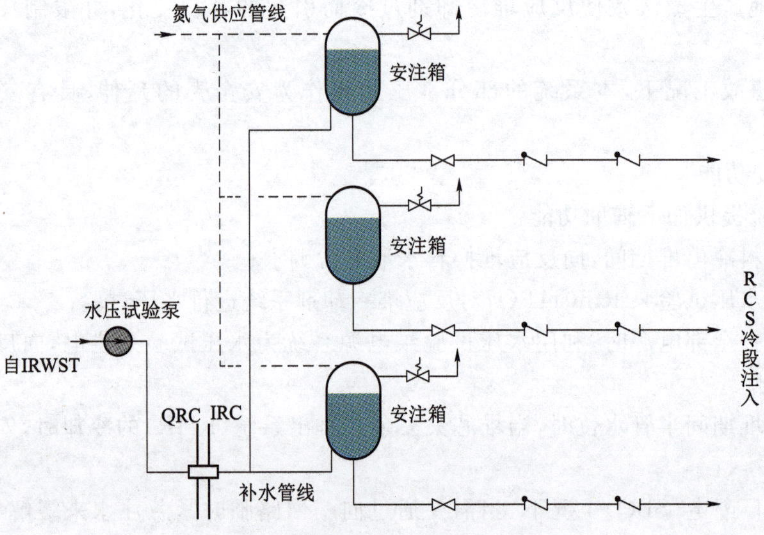

图 3-3 安注箱注入子系统流程简图

取水，向堆芯提供含硼水注入。

每台泵的排出口设置一条返回 IRWST 的小流量管线。在电厂正常运行期间小流量管线处于开启状态，安注信号将确认小流量管线开启。

中压注入管线包括至 RCS 冷段和热段的注入管线。

(2) 低压安注子系统(LHSI)

中压安注子系统主要包括两台低压安注泵和相关的管道。

发生事故时，LHSI 泵接收到安注信号（“SI”）自动启动，通过两条独立的管线从 IRWST 抽水，这两条管线在电厂正常运行期间处于常开状态。

LHSI 泵通过冗余管线注入 RCS 系统的冷段或者冷段、热段同时注入。

为了保护设备，设置了返回 IRWST 的小流量循环管线。如果 LHSI 泵在反应堆冷却剂系统压力高于泵的关闭扬程的情况下启动时，LHSI泵仍可保证最小流量。

(3) 安注箱注入子系统

本子系统由三台安注箱组成。每台安注箱排放管线连至RCS系统的一个冷管段。安注箱隔离阀正常处于开启状态，如果反应堆冷却剂压力下降到安注箱压力以下时，安注箱便可投入运行。

每条管线串联设置两台止回阀(作为反应堆压力边界隔离阀)和一台常开隔离阀。

每台安注箱上设置一台安全阀。

水压试验泵(RSI011PO)通过安注箱充水管线向安注箱充入来自IRWST的含硼水。

3.2.3 设备描述

(1) MHSI泵

MHSI泵(RSI003、004PO)是卧式多级离心泵，设计压力12 MPa(a)。电机由设备冷却水系统(WCC)冷却，并由电气厂房冷冻水系统(WEC)提供备用冷却水。

(2) LHSI泵

LHSI泵(RSI001、002PO)为立式筒形离心泵，设计压力2.36 MPa(a)。每台泵安装在一个竖井内。LHSI泵装有机械密封和止推轴承。电机由设备冷却水系统(WCC)冷却，并由电气厂房冷冻水系统(WEC)提供备用冷却水。

(3) 安注箱

安注箱(RSI001、002BA、003BA)为球形压力容器，容积65.5 m^3，正常容积45.5 m^3。每台安注箱设有人孔。

安注箱内装有用加压气体覆盖的含硼水，其硼浓度最低值为2 300 ppm；在RCS压力降到安注箱压力以下时，该气体用来将安注箱内的含硼水压入反应堆压力容器。

(4) 内置换料水箱

内置换料水箱为混凝土结构并覆有不锈钢衬里，是安全壳结构的一部分，位于安全壳内的最底层。

内置换料水箱的总容积为2 403 m^3，此容积是根据注入反应堆换料水池所需的水量确定的，正常容积范围2 225～2 310 m^3。在LOCA期间，此水箱用于向部分或全部中、低压安全注入泵以及安全壳喷淋泵供水。

水箱内的含硼水与安注箱内的含硼水具有一样的硼浓度。

IRWST设置温度和液位传感器，用于在机组正常运行期间和事故后实时监测IRWST的水温和液位。

(5) 水压试验泵

水压试验泵(RSI011PO)为双缸往复式正排量泵组，设计压力26 MPa(a)。

3.2.4 系统运行

在电厂正常运行期间，RSI系统处于备用状态。在接到安全注入信号(“SI”)后RSI系统将启动，系统的运行与事故的形式有关。主要考虑了以下几种事故工况：LOCA、蒸汽发生器传热管破裂、蒸汽管线破裂、给水管线破裂、弹棒事故、反应堆冷却剂的意外减压。

(1) 安全注入信号(“SI”)，出现下列任一信号时，安注系统即被启动：

1）稳压器压力低 4；

2）一条蒸汽管线与另外两条蒸汽管线间压差高；

3）蒸汽管线流量高＋蒸汽管线压力低；

4）蒸汽管线流量高＋反应堆冷却剂平均温度低-低；

5）安全壳高压力 H2；

6）热段过冷度 ΔT_{sat} 低符合 P11 及 P15 非；

7）热段环路水位低与 P15 符合。

（2）由安全注入信号触发的动作

一经接收到安全注入（“SI”）信号，就立即自动触发以下动作：

1）反应堆紧急停堆；

2）汽轮机紧急脱扣；

3）启动应急柴油发电机；

4）启动 RSI；

5）隔离主给水系统（TFM）并停运主给水泵、启动给水泵；

6）启动电动辅助给水泵；

7）启动备用设备冷却水泵和重要厂用水泵；

8）以小流量启动安全壳换气通风系统（CSV）并将安全厂房机械设备区通风系统（VMO）切换到碘过滤器。

9）将外围设备间通风系统（VPR）切到碘过滤器；

10）触发安全壳隔离 A 阶段；

11）如果出现主泵（2/3 逻辑）进出口压差低，则停运主泵；

12）TSA 快速冷却（因二回路 LOCA 除外）。

3.3 安全壳喷淋系统（CSP）

3.3.1 系统功能

（1）安全功能

安全壳喷淋系统（CSP）的功能是：在事故工况（LOCA 或安全壳内蒸汽管道破裂）下，当安全壳内的压力和温度升高到一定值时，系统将安全壳内的压力和温度降低至可接受的水平，以保持安全壳的完整性。

在 LOCA 期间，本系统也能降低安全壳内的气载放射性水平（尤其是碘）。

在发生 LOCA 后约 15 天，如果低压安注（RSI）泵失效，可使用 CSP 系统实现堆芯注水。

（2）辅助功能

在反应堆冷停堆时，若核岛消防系统（FNP）失效，CSP 可用于反应堆厂房的消防灭火。

在冷停堆期间，如果反应堆内置换料水箱 IRWST 的水温超过 40 ℃，可以用安全壳喷淋系统对它进行冷却。

3.3.2　系统描述

安全壳喷淋系统属于专设安全设施。喷淋主系统由两个容量为100%的、相同且独立的系列A和B组成，这两个系列基本是实体隔离的，仅有部分共用。系统流程简图见图3-4。

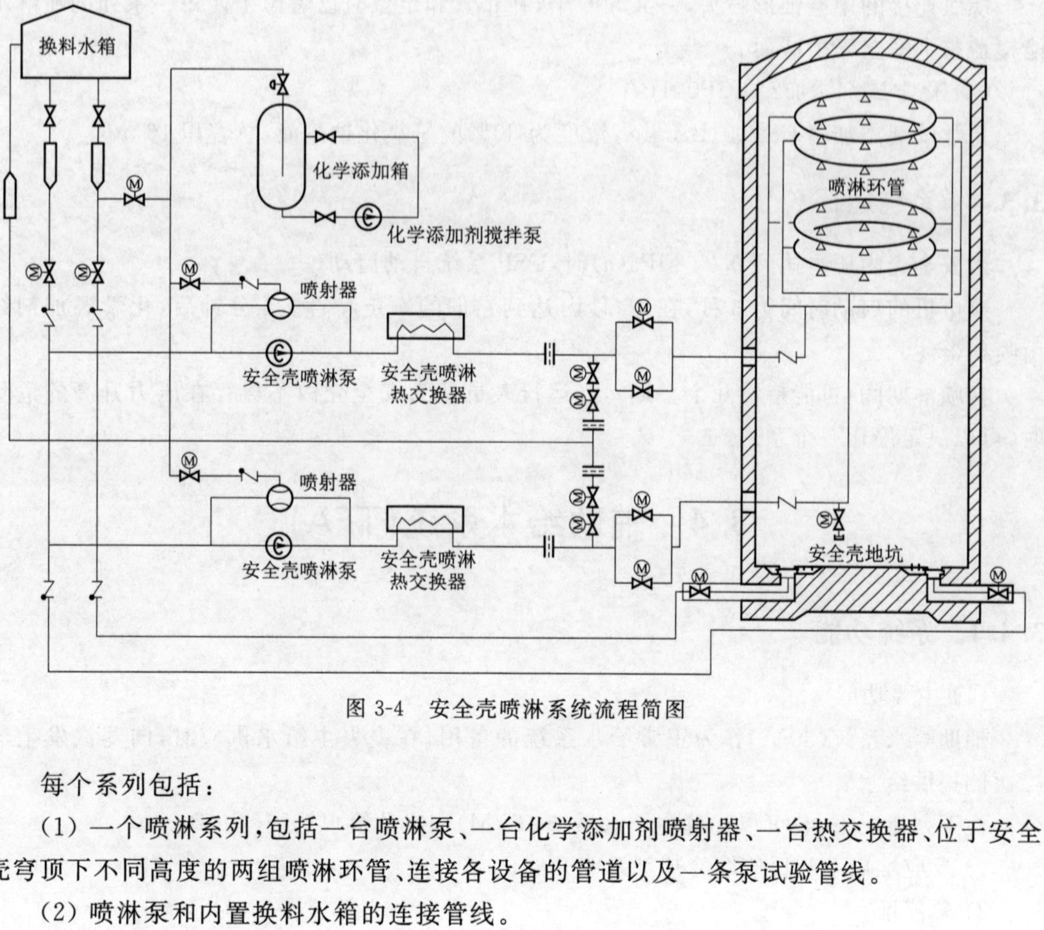

图3-4　安全壳喷淋系统流程简图

每个系列包括：

(1) 一个喷淋系列，包括一台喷淋泵、一台化学添加剂喷射器、一台热交换器、位于安全壳穹顶下不同高度的两组喷淋环管、连接各设备的管道以及一条泵试验管线。

(2) 喷淋泵和内置换料水箱的连接管线。

两个系列的共用部分有：

(1) 化学添加剂系统，包括一个贮存箱和一台混合泵。

(2) 与内置换料水箱相连接的喷射器试验管线。

(3) 内置换料水箱(IRWST)。

3.3.3　设备描述

(1) 喷淋泵

喷淋泵CSP001PO和002PO为立式离心泵，每台泵的容量为100%，安装在泵坑中。

(2) 热交换器CSP001RF和002RF

热交换器CSP001RF和002RF是卧式、管壳式、直通式热交换器。热介质(喷淋水)流过管侧，冷介质(设冷水)流过壳侧。每台热交换器容量为100%。

(3) 喷淋环管

四组环形喷淋环管以反应堆厂房中心线为中心进行布置,并固定在穹顶上。

每一喷淋系列分成两条管线。

其中每条管线向其所属的喷淋环管供水,每条环管由径向相对的两点供水。

(4) 喷头

螺纹连接的中空锥形喷头,一共506个,在布置和定位时已考虑了使每一系列的喷淋水能覆盖整个安全壳横截面。

(5) 化学试剂添加箱 CSP001BA

化学试剂添加箱 CSP001BA 装有浓度为30%的氢氧化钠溶液,总容积16 m^3。

3.3.4 系统运行

当安全壳内压力达到0.24 MPa(a)时,CSP系统自动启动。

泵电机的启动时间为3秒,在15秒内达到它们的额定特性。5分钟后,化学添加剂经由喷射器注入。

在喷淋期间(可能持续几个星期),当运行人员认为安全壳内不再存在压力升高的危险时,可以决定停运一个系列。

3.4 辅助给水系统(TFA)

3.4.1 系统功能

(1) 主要功能

辅助给水系统(TFA)作为正常给水系统的备用,在丧失主给水供应时,向蒸汽发生器二次侧提供给水。

在下列情况下,它可以代替主给水系统(TFM)和启动给水系统(TFS):

1) 反应堆启动和反应堆冷却剂系统升温;

2) 热停堆;

3) 向冷停堆过渡,将反应堆冷却到余热排出系统(RHR)能投入运行的状态。

此外,TFA系统的辅助给水电动泵用于给蒸汽发生器二次侧充水(初次充水和冷停堆后的再充水)。在TFS系统失效时,也可用TFA泵(电动或汽动)维持SG二次侧水位。

该系统的除氧器装置可用于向辅助给水系统(TFA)的贮水池和反应堆硼水补给系统(RBM)的水箱提供除盐除氧水。

(2) 安全功能

辅助给水系统(TFA)属于专设安全设施。在正常给水系统(TFP、TFM、TFS)发生事故时,辅助给水系统运行,能够确保向蒸汽发生器供应适量的水,以导出堆芯余热,直到反应堆冷却剂系统达到余热排出系统(RHR)可投入的状态。此外,还应保证供水不会导致蒸汽发生器满溢。反应堆冷却剂系统的热量通过由辅助给水系统供水的蒸汽发生器传给二回路系统产生蒸汽;二回路系统蒸汽通过汽轮机旁路系统(TSC&TSA)排入凝汽器或排向大气。

3.4.2　系统描述

TFA 系统包括两个辅助贮水池、辅助给水泵子系统、一套除氧装置和一套与蒸汽发生器相连的给水管线，给水管线上装有流量调节阀和给水隔离阀。系统流程简图见图 3-5。

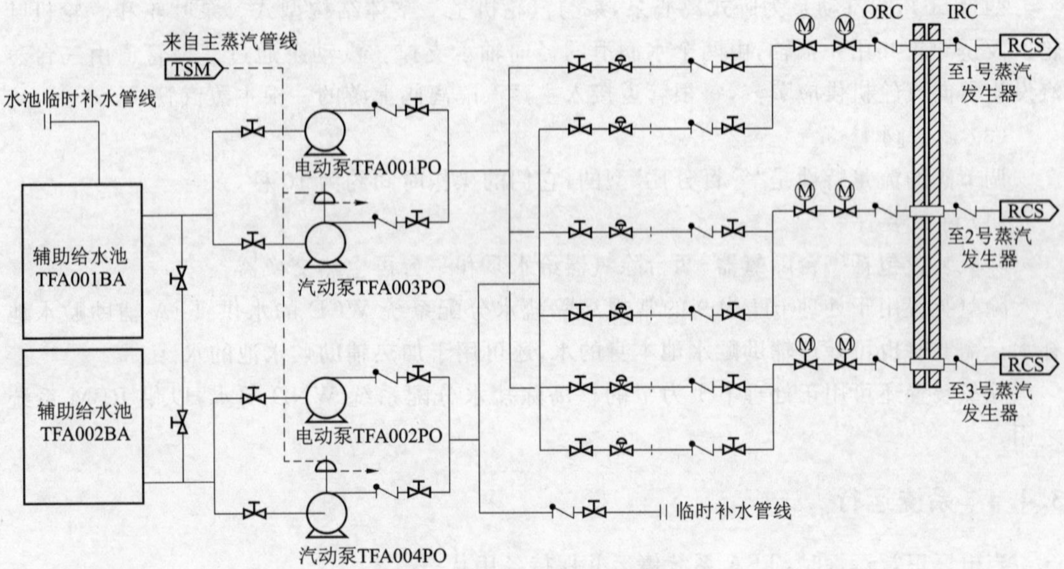

图 3-5　辅助给水系统流程简图

辅助给水泵从辅助贮水池 001BA 和 002BA（内装适当 pH 的除盐除氧水）吸水，并将其送入安全壳内主给水止回阀下游，靠近蒸汽发生器入口处的主给水管道内。

3.4.3　设备描述

(1) 辅助贮水池

辅助贮水池（TFA001BA 和 002BA）布置在电气厂房的－7.70 m 层，设计为钢筋混凝土水池，内衬钢覆面，水池底部设有泄漏监测。

辅助贮水池是具有一定水质要求的永久性贮水池，为保证水池内的水有适当的含盐量和含氧量，水池上部充有氮气（最大压力 0.112 MPa(a)）。水池装有一只呼吸阀作高压和低压保护。

水池与四台辅助给水泵相连接，提供短期的储备水量。

辅助贮水池一共可保证有效容积 1 136.16 m^3。水池内水温维持在 7 ℃以上，以防止过冷。

本系统的除氧器装置或冷凝水抽取系统均可向辅助贮水池补水。消防水分配系统（FWD）也可以向辅助贮水池补水，作为最后的给水备用水源。同时在该系统消防水补水管线上增设连接到厂房外的快速接口，在发生全厂断电同时电源长期无法恢复的事故时可采用移动设备（如消防车、移动泵等）对贮水池进行应急供水。

(2) 辅助给水泵

辅助给水泵从辅助贮水池吸水，水泵必须在启动信号发出后 1 分钟内（包括柴油机发电机启动时间)提供所需的最小流量。辅助给水系统由两台电动泵和两台汽动泵组成。其中电动泵 001PO 和汽动泵 003PO 组成 A 列,电动泵 002PO 和汽动泵 004PO 组成 B 列。

两台 50%电动泵是卧式离心泵,由 6.6 kV 感应电动机驱动,由柴油发电机作为备用电源。

两台 50%的汽动泵为卧式离心泵,泵与汽轮机呈一整体结构型式。泵叶轮和汽轮机叶轮以及诱导轮共用一根轴,由两个水润滑的径向轴承支撑。汽动泵通过 3 根管道由三台蒸汽发生器向汽轮机供应蒸汽,每根管道接入主蒸汽隔离阀上游的一根主蒸汽管线。

(3) 调节阀

调节阀的流量特性是“等百分比”型的,它们的操作时间约为 10 秒。

(4) 除氧装置

除氧装置包括一台除氧器、两台除氧器给水泵和一台再生热交换器。

除氧装置用于处理 pH 为 9 的常规岛除盐水分配系统 WCD 的水供 TFA 辅助贮水池补水。需要时也可处理辅助贮水池本身的水,还可用于加热辅助贮水池的水。

除氧装置还可用于处理 pH 为 7 的核岛除盐水分配系统 WND 的水,以供 RBM 系统之用。

3.4.4 系统运行

当电厂正常运行时,TFA 系统停运并保持备用状态。

事故工况下,当主给水设备(TFP、TFM 和 TFS)不能使用时,TFA 系统向蒸汽发生器供水,以导出堆芯余热。包括以下各类事故:

(1) 失去给水引起的事故

1) 当三台蒸汽发生器中有一台由蒸汽发生器水位通道 2/4 检测到低低水位以及相应蒸汽发生器的主给水低流量时,TFA 的两台电动泵和两台汽动泵接到一个来自 RRP 的自动启动信号。

2) 如果三台蒸汽发生器中有一台由蒸汽发生器的水位通道 2/4 检测到的低低水位保持延时 8 分钟后,两台电动泵和两台汽动泵自动启动。

3) 当主给水泵(TFP)和启动给水系统(TFS)脱扣时,如果 RHR 没运行(即 RHR 低流量),TFA 的两台电动泵在时间延迟 5 秒钟后接到一个自动启动信号。

(2) 导致失去正常给水的事故

1) 当反应堆冷却剂泵(2/3)低低转速时,TFA 的两台汽动泵收到一个自动启动信号。

2) 当向 TFE 泵供电的配电盘 2/3 失去中压电源时,TFA 的电动泵在时间延时 6 秒钟后接到一个自动启动信号。

(3) 造成给水切断的事故

1) 当三台蒸汽发生器中有一台由蒸汽发生器专用水位通道 2/4 检测到高高水位时,反应堆自动保护系统关闭主给水管道上的阀门,并使主给水泵和启动给水泵脱扣。证实上述动作会启动 TFA 电动泵。

2) 安全注入:安注信号使主给水泵和启动给水泵脱扣并关闭给水管道上的阀门,主给水泵和启动给水泵的脱扣证实安注信号,该信号直接启动 TFA 电动泵。

(4) 未能紧急停堆的预期瞬态(ATWS)

1) 当失去二回路排热，而且反应堆停堆失败时，由主给水低流量加一个中间量程的中子通量测量产生的功率允许信号(ATWS 信号)会使主汽轮机脱扣并启动 TFA 电动泵和汽动泵。

TFA 系统启动后，操纵员可以手动把不需要的泵停运。在事故后 30 分钟内，如果未手动停运相关泵，依靠调节阀的自动调节，依然可以控制所需的水量，以保持蒸汽发生器内的正常水位。

3.5 非能动安全壳热量导出系统(PCS)

3.5.1 系统功能

(1) 主要功能

非能动安全壳热量导出系统(PCS)用于超设计基准事故或严重事故等工况(包括与全厂断电、喷淋系统故障相关的事故)下安全壳的长期排热，将安全壳压力和温度降低至可以接受的水平，保持安全壳完整性。

系统安全壳内换热器、安全壳外隔离阀和两者之间的管道为电厂第三道安全屏障的组成部分。在系统设备、管道出现破口时，及时关闭隔离阀，防止放射性物质外泄，确保电厂第三道安全屏障的完整性。

(2) 其他功能

换热水箱为蒸发器二次侧非能动余热排出系统(PRS)提供冷却水源。在二次侧丧失动力和冷却水源时，为蒸发器二次侧提供自然循环冷却动力和冷却水源。

收集事故后换热器外表面冷凝水，汇流至堆芯注入和冷却系统(CIS)，用于事故后堆腔注水和冷却。

3.5.2 系统描述

PCS 系统(系统布置示意图见图 3-6)设置三个相互独立的系列(每个系列的流程简图见图 3-7)。每个系列包括两组换热器、两台汽水分离器、一台换热水箱、一台导热水箱、两个常开电动隔离阀、四个常关并联的电动阀。换热器布置在安全壳内的圆周上；换热水箱为钢筋混凝土结构不锈钢衬里的设备，布置在双层安全壳外壳的环形建筑物内。

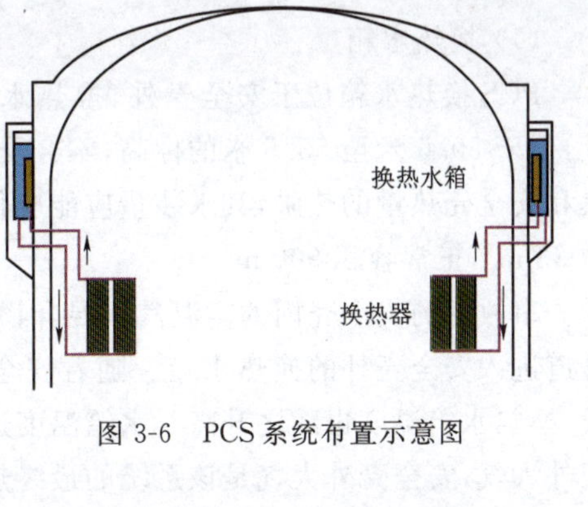

图 3-6　PCS 系统布置示意图

系统设计采用非能动设计理念，核电站在发生超设计基准事故后的 72 小时内，通过系统自然循环给安全壳降温来保持安全壳内压力处于设计范围内，整个过程无需运行人员和外部动力完成。利用内置于安全壳内的换热器组，通过水蒸汽在换热器上的冷凝、混合气体与换热器之间的对流和辐射换热实现安全壳的冷却，通过换热器管内水的流动，连续不断地将安全壳内的热量带到安全壳外，在安全壳外设置换热水箱，利用水的温度差导致的密度差

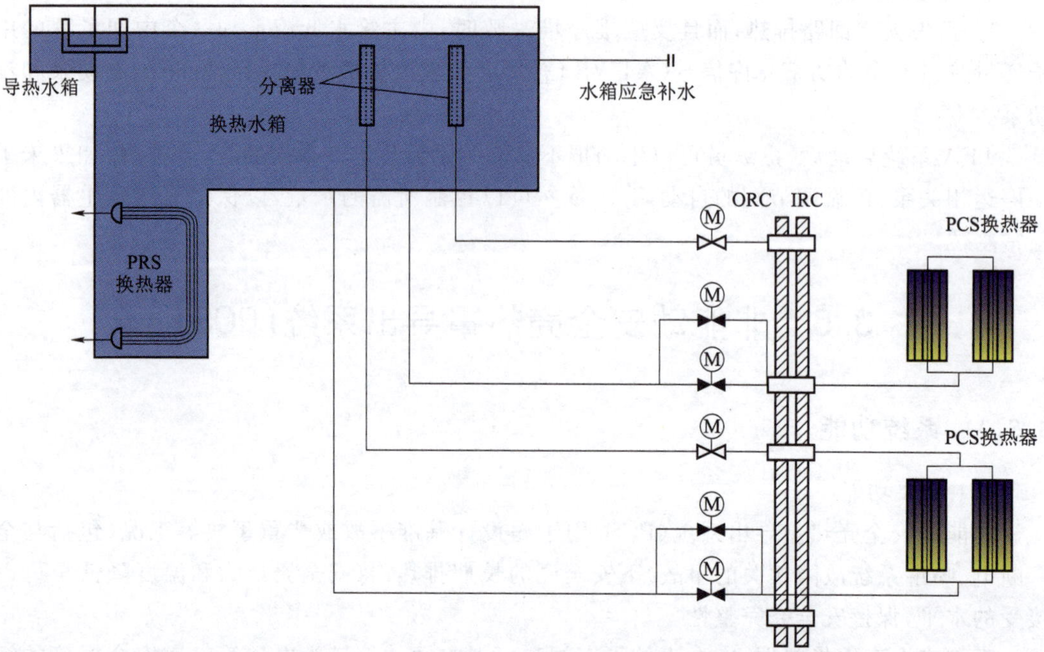

图 3-7 PCS 单系列流程简图

实现非能动安全壳热量排出。

PCS 系统出现破口导致放射性外泄时，安全壳外的电动隔离阀根据上升管道辐射监测信号，隔离这些管线，确保核电站第三道屏障的完整性。

PCS 系统设置了循环水泵、化学加药箱，定期对安全壳外换热水箱进行净化。

3.5.3 设备描述

(1) 换热水箱

PCS 换热水箱位于安全壳外，换热水箱位于安全壳外，是混凝土结构，内衬不锈钢衬里，位于 50.6 米至 55.6 米的标高，不会受到其他水淹的影响。该水箱作为二次侧非能动余热和安全壳热量的热阱，其水装量应能应付紧急停堆后的堆芯 72 小时的冷却要求，总容积 1 033 m^3，正常容积 900 m^3。

事故后的安全壳内的高温汽水混合物加热换热器，换热器内的水受热膨胀后沿着上升管道进入安全壳外的换热水箱。随着安全壳内温度不断上升以及换热器受热时间不断加长，换热水箱温度也随之升高。水箱温度达到沸点时，产生的蒸汽通过导热水箱排放到安全壳外大气，安全壳外大气是该系统的最终热阱。

换热水箱也是蒸发器二次侧非能动余热排出系统(PRS)的冷却水源，其水装量设计需要满足事故后堆芯余热排出的需求。

PCS 配备了外置安全壳冷却水箱的液封措施，防止安全壳换热水箱水质被壳外环境污染。电站正常运行和检修时，系统配置了循环水泵和加药措施防止安全壳外换热水箱微生物滋生和水质降低。

（2）导热水箱

PCS 导热水箱是位于安全壳外换热水箱之间的隔间、内设 U 型不锈钢管状容器，平时防止灰尘等杂质进入换热水箱，起到对 PCS 换热水箱的液封作用，保持换热水箱水质。事故时，换热水箱温度上升，压力随之升高并将导热水箱内 U 型管中的冷却水压出水箱，使得换热水箱与外界大气连同，起到事故后排汽、导热的作用。

为了防止长期与外界大气接触、气液表面蒸发，造成 U 型管内液位下降，失去 PCS 换热水箱的液封功能，导热水箱在位于换热水箱的内侧部分设置了补水孔，利用连通器原理对导热水箱进行长期补水。

（3）换热器

安全壳内如果发生大量质能释放事故，大量高温蒸汽或蒸汽-空气等不凝结气体的混合物会不断上升，冲刷 PCS 换热器外表面。PCS 换热器光管受到这些高温混合气体的加热，同时高温气体在 PCS 换热器外表面冷却甚至凝结，放出热量。这些热量由换热器内的低温水带走。受热的冷却水沿着换热器出口上升管道进入安全壳外的换热水箱中，通过导热水箱最终排入大气。换热水箱中的较低温度的冷却水从换热水箱底部的出口，沿着系统下降管进入换热器，继续受热，维持自然循环。

（4）汽水分离器

当换热水箱水温超过 80 ℃，PCS 系统上升管道开始出现蒸汽。随着上升管位置的升高，当地静压降低，上升管中的冷却水分离出越来越多的蒸汽泡。这些蒸汽泡不断聚集，汽泡尺寸也越来越大。汽水分离器的作用是将上升管道中的蒸汽泡破碎，减小由于大气泡的破碎和湮灭导致的不必要的管路系统震动。

（5）安全壳电动隔离阀

为了保证系统出现泄漏时，核电站第三道屏障——安全壳的完整性，PCS 系统分别在安全壳外的上升管和下降管上设置了电动隔离阀。

上升管隔离阀（共 6 个）处于常开位置。

下降管隔离阀（共 12 个）处于常关位置。事故后开启并联阀门中的其中一个，PCS 系统即可投运。

3.5.4　系统运行

电厂正常运行和发生设计基准事故时，PCS 系统不投运。PCS 系统设置了再循环水泵、电加热器和化学加药装置，定期对安全壳外换热水箱进行净化和加热。

电厂发生超设计基准事故时，安全壳内压力、温度迅速上升。当安全壳压力高、安喷不可用时，系统下降管上的安全壳电动隔离阀接受来自主控室或应急指挥中心的开启信号，PCS 系统投入运行。高温的蒸汽-空气或者蒸汽-氢气（或其他不凝结气体）的混合物冲刷 PCS 系统换热器表面。来自安全壳外换热水箱的低温水在换热器内升温、膨胀，沿着 PCS 系统上升管将安全壳内的热量导出至安全壳外换热水箱。安全壳内高温混合气体和换热水箱的温度差以及换热水箱和换热器的高度差是驱动 PCS 系统进行自然循环，带走壳内热量的驱动力。随着水箱温度不断升高，换热水箱温度达到对应压力下的饱和温度，排出部分蒸汽最终进入大气。

PCS 系统下降管上的安全壳电动隔离阀开启，系统即可投运。电动隔离阀可由如下方法开启：

(1) 安全壳压力高 4 信号延迟 100 秒叠加安喷 A 列失效信号(A 列流量低或 A 列换热器出口温度高信号)且安喷 B 列失效信号(B 列出口流量低或 B 列换热器出口温度高信号)；

(2) PCS 换热器出口温度高信号；

(3) 运行人员手动触发。

运行人员可以通过关闭下降管隔离阀，停运 PCS 系统。

3.6 二次侧非能动余热排出系统(PRS)

3.6.1 系统功能

在发生全厂断电事故且辅助给水系统汽动泵失效工况下，PRS 系统投入运行，在不超过冷却剂压力边界设计条件的前提下，通过蒸汽发生器导出反应堆冷却剂系统及各设备的储热，在 72 小时内将反应堆维持在安全状态。

在完全丧失给水的工况下，PRS 系统投入运行，降低一回路的温度和压力。

3.6.2 系统描述

PRS 系统设置三个系列，每个环路的蒸汽发生器二次侧都设置一个非能动余热排出系列，每个系列按照反应堆额定功率的 0.5%设计(0.5% FP)，即 15.3 MW。每个系列包括一台应急余热排出冷却器、两台应急补水箱和一个换热水箱以及必要的阀门、管道和仪表。

对于每个 PRS 系列(流程简图见图 3-8)，蒸汽管线通过一台敞开的电动隔离阀后贯穿安全壳，在安全壳外分成两个支路，一个支路连接应急余热排出冷却器(PRS 换热器)的入口，另一个支路与两台应急补水箱的入口连接。PRS 换热器布置在换热水箱底部的冷凝器

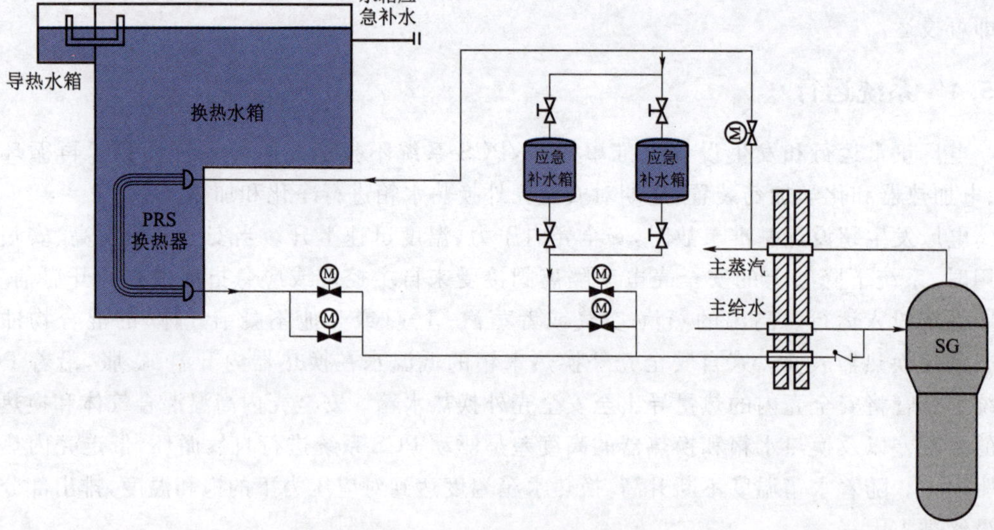

图 3-8 PRS 系统流程简图

隔间。要求在整个运行期间,PRS 换热器都浸泡在水中,不允许裸露。冷凝水管道连接应急余热排出冷却器下封头接管嘴,并在管道上设置两台并联的电动隔离阀。应急补水箱的注入管道上也设置有两台并联的电动隔离阀,应急补水箱上游管道设置一台常开的隔离阀。凝水管出口与应急补水箱的注入管线合并后通过贯穿件返回到安全壳内,冷凝水管道与蒸汽发生器的给水管道相连接,并在管道上设置一台止回阀,以防止机组正常运行期间,蒸汽发生器给水通过凝水管道旁流。

3.6.3 设备描述

(1) 换热水箱

换热水箱与 PCS 系统共用,为 PRS 系统提供热阱。三个换热水箱均布在安全壳外侧接近安全壳筒体顶部的位置,形成环状结构,其土建结构与安全壳统一设计。每个换热水箱分为"冷凝器隔间"和"水箱"两部分,且彼此相通。"冷凝器隔间"用于布置应急余热排出冷却器,"水箱"位于"冷凝器隔间"的上部,3 个系列"水箱"的总有效水容积(运行 72 小时蒸发损失的水体积)为 2 300 m^3。

换热水箱设计有补水接口和排水接口,以便启动前为水箱充水和检修期间排水。

(2) 应急余热排出冷却器

PRS 系统应急余热排出冷却器(PRS 换热器)由 C 型管管束、与管束连接的进出口管板、弹性结构,及安装在事故水箱壁上的设备支撑构成。PRS 换热器的进口接管连接蒸汽管道,出口管连接凝水管。

(3) 应急补水箱

应急补水箱是一个带球形封头的圆柱形容器,每台应急补水箱的容积约为 18 m^3。

3.6.4 系统运行

在机组正常运行和设计基准事故下,PRS 系统隔离不运行,系统处于备用阶段。

PRS 系统可在下述两种事故工况下由自动信号触发运行。

(1) 全厂断电事故且 TFA 系统汽动泵系列失效。在这种假想事故发生后,反应堆冷却剂泵停运,反应堆自动停堆,同时蒸汽发生器给水全部丧失。

(2) 正常给水(TFM)丧失,或启动给水系统(TFS)丧失。随后辅助给水系统(TFA)未能启动;或者正常给水系统不可用情况下,辅助给水系统运行中丧失。

针对上述两种事故,PRS 系统在以下信号全部出现后自动投入运行:

(1) 一台 SG 水位低低出现 8 分钟并延迟 45 秒,或一台 SG 水位低低且同 1 台 SG 给水流量低,并延迟 45 秒;

(2) 三台 SG 辅助给水流量低;

(3) 三台 SG 水位低 3,延时 8 分钟。

当发出系统启动信号时,关闭主蒸汽隔离阀、主蒸汽系统向辅助给水泵统汽动泵的供汽,以及 TSM 系统和 TFA 系统与其他系统相连通的阀门,以保证 PRS 系统能够形成封闭回路;打开冷凝管道的隔离阀,使 PRS 系统连通。系统投入后,应急余热排出冷却器管侧冷凝后的水注入蒸汽发生器二次侧,被一次侧反应堆冷却剂加热后变成蒸汽,经 PRS 系统蒸汽管道进入应急余热排出冷却器的管侧,将热量传递给换热水箱的水后再次冷凝为水,再返回蒸汽发生器二次侧,形成自然循环,维持反应堆的安全。

在 PRS 系统启动信号发出后,应急补水管线的隔离阀自动开启,应急补水箱中的水注入蒸汽发生器二次侧,补偿 PRS 运行期间蒸汽发生器二次侧水位的降低。当补水箱水位低信号发出后,应急补水管线的隔离阀以及补水箱上游管线隔离阀自动关闭,以避免蒸汽旁通进入补水箱。

3.7 堆腔注水冷却系统(CIS)

3.7.1 系统功能

CIS 系统在发生堆芯熔化的严重事故后,通过压力容器外冷却带走堆芯熔融物热量,降低反应堆压力容器外壁的温度,维持压力容器的完整性,实现压力容器内堆芯熔融物的滞留。

(1) 能动部分

在严重事故发生时,将水(前 4 个小时从消防泵房取水,4 小时后从换料水箱取水)注入堆腔中压力容器保温层内,冷却反应堆压力容器外壁面,导出堆芯熔融物的热量,确保压力容器不被熔穿,维持压力容器的完整性,减轻事故的后果。

(2) 非能动部分

在严重事故发生,且 CIS 能动注入部分不可用的情况下,安全壳内非能动堆腔注水箱内的水能够依靠重力注入堆腔中压力容器保温层内,淹没反应堆压力容器下封头到一定高度,并补偿堆腔内水的蒸发量,以"非能动"的方式实现反应堆压力容器的冷却。

本系统的安全功能为:电厂正常运行时,安全壳隔离阀处于关闭状态,保持安全壳的完整性。

3.7.2 系统描述

系统由能动子系统、非能动子系统和净化及补水子系统组成。

(1) 能动子系统

能动注入子系统设置了并联的两个系列,每个系列配备了一台堆腔注水泵,其入口分别与消防水分配系统和安全壳内置换料水箱(IRWST)相连。在事故初期采用过冷度较高的消防水进行冷却,因此,前 4 个小时从消防泵房取水,4 小时后从换料水箱取水(系统流程简图见图 3-9)。两台堆腔注水泵出口管线在经过安全壳隔离阀、贯穿安全壳后再合并为母管后注入堆腔。注水管道与保温层的底部相连,注入的冷却水通过压力容器外壁与保温层内壁之间的流道向上流动,最终从保温层筒体上部的排放窗口流出,并返回到 IRWST。

(2) 非能动子系统

CIS 的非能动部分设置在安全壳内,在安全壳内设置非能动堆腔注水箱(CIS001BA),水箱内为除盐水。在严重事故发生,同时能动注入系列不可用时,隔离阀开启,CIS001BA 中的水依靠重力通过能动系列注入管道注入反应堆压力容器与保温层之间的环形流道,并逐渐淹没反应堆压力容器下封头,实现"非能动"的冷却。

CIS001BA 能够收集来自 PCS 换热器的冷凝水,作为延长非能动注入的有效手段。为

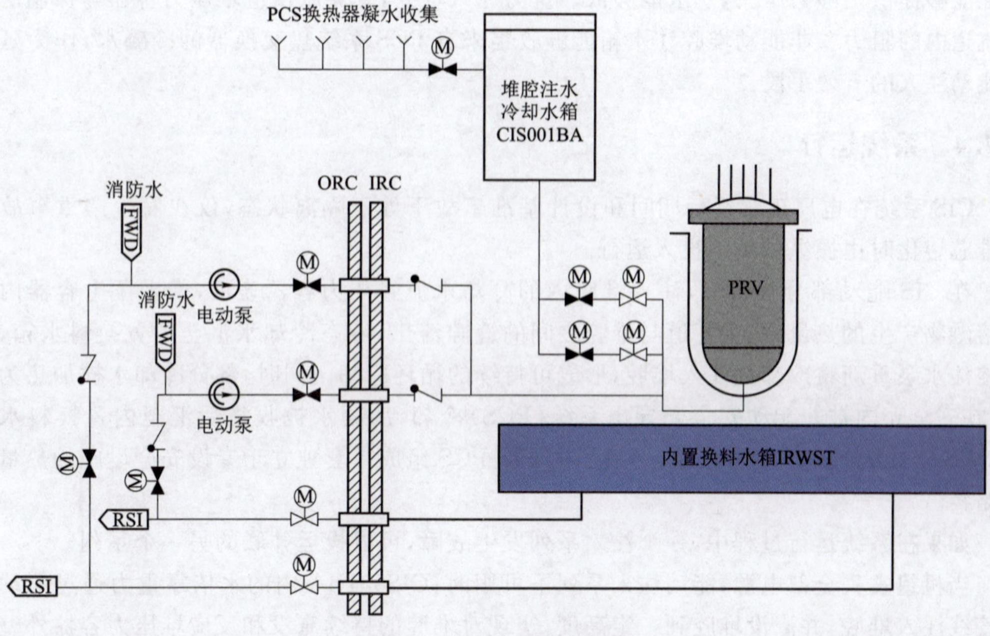

图 3-9 CIS 系统流程简图

此，堆腔注水冷却系统设置了 12 根接于 PCS 换热器底部集液盘的管道，将搜集到的 PCS 换热器外表面的冷凝水最终汇合于一根母管流入非能动堆腔注水箱。在发生设计基准事故时，安全壳喷淋系统将启动，部分喷淋水将会被收集汇至 CIS001BA，影响系统取水水源。为防止该情况出现，在收集总管上设置电动隔离阀，正常运行期间阀门处于关闭状态。

非能动子系统 CIS001BA 内的水持续注入堆腔，能够补偿由于汽化而损失的冷却水量，从而满足对压力容器一定时间内蒸发冷却的要求。

(3) 净化及补水子系统

非能动堆腔注水箱设置有一套净化系列，包括非能动堆腔注水箱净化泵、过滤器和相关的管道、孔板和阀门。非能动堆腔注水箱的首次充水由核岛除盐水系统供给，应急补水由核岛消防系统补给。

3.7.3 设备描述

(1) 堆腔注水泵

本系统设置两台完全相同的堆腔注水泵，每台堆腔注水泵的流量均能够满足系统冷却能力的要求。冷却水注入反应堆压力容器及其保温层之间的流道，并淹没反应堆压力容器达到一定高度，被加热后冷却水的状态为汽/液两相。堆腔注水泵的扬程需能够克服冷却水在堆腔流道内遇到的阻力，同时应考虑注水管道的沿程阻力和相关高度差。

堆腔注水泵为单级离心泵，每台泵的额定流量为 900 m^3/h。两台堆腔注水泵分别由两个系列的应急电源供电，柴油发电机可在 1 小时内向 CIS 泵供电。

(2) 非能动堆腔注水箱

非能动堆腔注水箱 CIS001BA 作为非能动注入的水源，其水装量应能够满足在非能动系列投入时对反应堆压力容器外壁进行一定时间的淹没和冷却。非能动堆腔注水箱的位置保证能够提供足够的压头,使水能够依靠重力注入堆腔,并克服反应堆压力容器与保温层之间流道内的阻力。非能动堆腔注水箱能够收集来自 PCS 系统热交换器的冷凝水,作为延长非能动注入的有效手段。

3.7.4 系统运行

CIS 系统在电厂正常运行期间和设计基准事故下处于隔离状态,仅在发生严重事故导致堆芯熔化时由操纵员手动投入运行。

在 CIS 能动部分投入后,注入堆腔内的冷却水流经压力容器表面,带走压力容器内堆芯熔融物产生的热量,从主管道与堆腔之间的缝隙流出,液态冷却水汇至内置换料水箱,由堆腔注水泵重新将冷却剂注入堆腔,形成可持续的循环冷却。同时,部分冷却水被加热为蒸汽,在安全壳内被非能动安全壳导出系统(PCS)冷却,冷凝水被收集后汇至内置换料水箱(IRWST)。从而在严重事故后,形成了由 CIS-PCS 组成一套独立于专设安全设施的热量导出路径。

如果在系统运行过程中,一个注入系列发生故障,可以投运并联的另一个系列。

当机组丧失全部电源,能动注入系列不可用时,CIS001BA 内的水依靠重力通过能动注入管线注入堆腔,并淹没堆腔到一定高度,实现对堆腔的持续淹没和反应堆压力容器外壁的持续冷却。非能动堆腔注水箱内的除盐水经过底部管道对堆腔进行持续注水,使压力容器下封头始终保持淹没在冷却剂中,防止堆芯熔融物熔穿压力容器。随着缓解事故的时间进展,熔融物释热逐渐降低,所需冷却水量也逐渐减小,非能动水箱液位不断下降,能够提供的冷却水流量也在逐渐降低,为满足冷却水流量和堆腔内冷却水液位的要求,还需要收集来自安全壳热量导出系统换热器的冷凝水为水箱提供额外补水。

在非能动系列运行期间,应积极采取措施解决能动注入系列的故障,使其能够尽快投入运行。

根据事故进程,当有信息显示反应堆压力容器下封头不再有熔穿的危险时,可由操纵员根据相关规程在主控室或后备盘手动停运堆腔注水泵并关闭相关的隔离阀,停运该系统。

3.8 安全壳消氢系统(CHC)

3.8.1 系统功能

(1) 主要功能

安全壳消氢系统(CHC)用于在设计基准事故工况下和严重事故工况下将安全壳大气中的氢浓度减少到安全限值以下,从而在设计基准事故下避免氢气燃烧和严重事故工况下避免发生由于氢气爆炸而导致的第三道屏障——安全壳的失效。在安全壳内氢气浓度达到 CHC 氢复合器启动条件时,非能动氢复合器会自动启动复合氢气。

(2) 安全功能

安全壳消氢系统在设计基准事故下避免氢气燃烧,该功能与安全相关。

该系统在严重事故时还可以限制安全壳内的氢气浓度低于安全限值,避免安全壳失效。该功能对于保障第三道屏障的完整性具有重要作用。

3.8.2　系统描述

安全壳消氢系统由 33 台非能动氢复合器组成，其中 22 台为大的氢复合器（消氢速率为 5.36 kg/h），11 台为小的氢复合器（消氢速率为 2.4 kg/h），非能动氢气复合器在氢气浓度达到启动阈值时能够自动启动，不需任何监测和控制措施。

3.8.3　设备描述

非能动氢气复合器在条件适合的情况下自动工作。其工作原理为：氢复合器的金属外壳可引导气流向上通过氢复合器，在壳体的下部装有一个插入很多平行的竖直催化剂板的框架，这些催化剂板上涂满活性催化剂。含氢气体混合物在催化剂作用下发生氢-氧化学反应，并释放出热量使复合器下部的气体密度降低，进而加强了气体对流，以使大量的含氢气体进入与催化剂接触，以此来保证高效的消氢功能。

非能动氢气复合器设计成可在高温高压下工作，其设备本身强度能承受安全停堆地震，其内部的催化剂涂层是防水、耐热的，可以长时间保持有效。氢复合器内部框架的结构允许在役检查和试验时方便地抽取出催化剂板片。

设备参数见表 3-1。

表 3-1　非能动氢气复合器设备参数

特　性	参　数
最大环境温度/℃	≤350
最大压力/MPa(a)	≤0.65
相对湿度/%	0～100
最大剂量率/Gy	2.0×10^{6}（严重事故后一年）
启动阈值	＜2 vol.%
停止阈值	＜0.5 vol.%
消氢速率	5.36/2.4 kg/h[1.5 bar(a)和 4vol %H_2]

第四章　常规岛、电气及其他系统

4.1　汽轮机及其辅助系统

4.1.1　汽水循环回路总体介绍

汽水循环回路即二回路，其作用是通过吸收一回路冷却剂的热能将二回路给水转变为蒸汽，再通过汽轮机将蒸汽热能转变为汽轮机转子的动能，再通过发电机将动能转化为电能，然后通过电气设备将电能输送到电网。

二回路的主要热力系统包括主蒸汽系统、凝结水系统和给水系统。

主蒸汽从核岛的每个蒸汽发生器各经一根主蒸汽管进入主蒸汽联箱，从主蒸汽联箱再由四根主蒸汽管道进入汽轮机的高压主汽阀和调节阀进入汽轮机高压缸膨胀做功。做功后的蒸汽通过四根管道分别送至汽轮机两侧的汽水分离再热器中进行汽水分离和再热后送入中压缸继续膨胀做功，排汽送往低压缸。在低压缸膨胀做功后的乏汽排入凝汽器凝结成水并汇至热阱中。

凝汽器热阱中的凝结水由凝结水泵抽出升压后经四级低压加热器加热后送到除氧器。除氧器对凝结水加热和除氧，且贮存一定的除氧凝结水。主给水泵从除氧水箱底部吸水，将水升压后经高压加热器进一步加热，最后通过给水流量调节阀进入蒸汽发生器二次侧，吸收反应堆冷却剂热量转变成饱和蒸汽，从而形成一个完整的热力循环。

二回路系统流程简图见图 4-1。

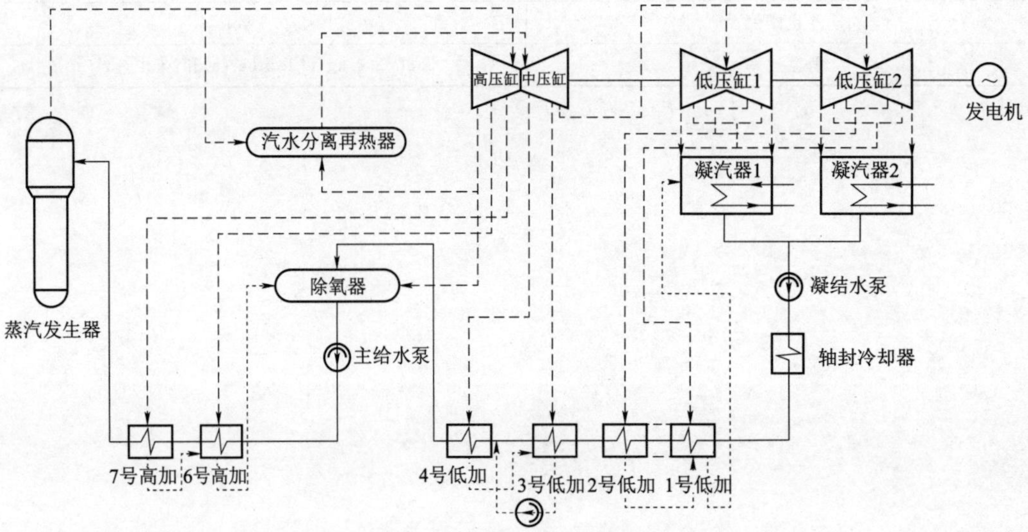

图 4-1　二回路系统流程图

4.1.2　汽轮机的功能及工作原理

汽轮机利用蒸汽做功的高速旋转式机械，其功能是将蒸汽带来的反应堆的热能转变为高速旋转的机械能，并带动发电机发电。福清核电 5、6 号机组采用半转速(1 500 r/min)冲动凝汽式汽轮发电机组。汽轮机型式为单轴中间再热三缸四排汽，由一个高中压合缸和两个双流式的低压缸组成。

汽轮机的基本工作原理如下。

(1) 级的概念

把固定在喷嘴箱或隔板中不动的喷嘴叶栅(又称静叶栅)与其后旋转叶轮上安装的动叶栅的组合称为汽轮机的级。级是汽轮机中完成能量转变的最基本的工作单元。

(2) 冲动式级的工作原理

具有一定压力和温度的蒸汽通过一组沿圆周方向排列的、流通截面沿流动方向变化的通道——喷嘴，进行膨胀(压力降低)，加速。具有一定速度的蒸汽流出喷嘴后，冲击在喷嘴后面的、固定在一个轮子上的叶片上，使得轮子转动。轮子又带动轴转动，从而实现从热能转变为机械能的过程，这个过程实际上是分两步来完成的。

第一步：蒸汽在喷嘴叶栅中膨胀，压力降低、速度升高，将热能转变为蒸汽的动能的过程。

第二步：蒸汽高速进入动叶栅，冲动叶轮旋转，只改变流动方向，压力不变，绝对速度降低，从而实现蒸汽动能转变为叶轮高速旋转的机械能的过程。

(3) 反动式级的工作原理

在这种型式的汽轮机中，热能转变为机械能是在动叶栅中一步完成的；喷嘴叶栅只起集流蒸汽和导向蒸汽的作用，不进行蒸汽膨胀的能量转换；蒸汽在动叶栅中膨胀压力降低，蒸汽的相对速度增加，将热能转变为动能，当蒸汽以很高的相对速度离开动叶栅时，就对动叶片产生了反作用力(此作用力叫做反动力)，推动叶轮旋转，将动能转变为机械能。依靠反动力推动的级叫反动级。这种只在动叶栅中蒸汽膨胀做功的汽轮机叫纯反动式汽轮机。

(4) 反动度

实际上，纯反动式汽轮机是永远得不到应用的，即使在所谓的反动式汽轮机中，蒸汽的膨胀也是同时在喷嘴叶栅和动叶栅中进行的，即蒸汽首先在喷嘴叶栅中膨胀，压力由 P0 降至 P1，速度由 C0 升至 C1。然后，蒸汽流向动叶栅。蒸汽在动叶栅中流动时，继续从压力 P1 膨胀到动叶栅后的压力 P2，而其相对速度升高，而且汽流还要发生转向。这样，蒸汽在动叶栅流道中，依靠汽流转向，形成了冲动部分作用力，而依靠汽流的膨胀加速，又形成了反动部分的作用力，二者都作用到动叶栅上。故动叶栅在冲动力和反动力的合力作用下转动而产生机械功。

动叶栅中的理想焓降对喷嘴叶栅中的理想焓降及动叶栅中的理想焓降的和之比称为级的反动度 ρ。

由此可见，纯反动式汽轮机级的反动度 $\rho=1$，纯冲动式汽轮机的反动度 $\rho=0$。

对于纯冲动级来说，P1＝P2、H0P＝0，蒸汽流出动叶片的速度为 C，具有一定的动能未被利用而损失，称这种损失为余速损失。

一般把级的反动度小于 0.25 的汽轮机仍然归属于冲动式汽轮机，而把级的反动度等于和大于 0.4～0.6 的汽轮机称为反动式汽轮机。在多级反动式汽轮机中，通常使用反动度 $\rho=0.5$ 的反动级。

(5) 具有反动度级的工作原理

在具有反动度级中的能量转换：

在喷嘴叶栅中，蒸汽膨胀，压力降低，绝对速度升高，将热能转变为动能。

在动叶栅中，除了来自喷嘴叶栅高速气流作用于动叶栅上的冲动力外，蒸汽继续膨胀，压力继续降低，相对速度增加，形成了反动部分的作用力，也作用于动叶栅上，这两种力的共同作用使叶轮高速旋转，从而把热能和动能转变为机械能。

单位时间内汽流对动叶栅所做的有效功称为轮周功率，它等于蒸汽作用于动叶栅的切向力 FU 和圆周速度 u 的乘积，即：NU ＝ FU · u

单位蒸汽流量流过某级时所产生的轮周功 Wu 与蒸汽在该级中的理想可用能量 E0 之比，称为该级的轮周效率，用 ηu，即 ηu＝Wu/ E0。

4.1.3 多级汽轮机及其结构

现代大型电厂中，因在汽轮机中焓降极大，金属强度无法达到，因此，大功率汽轮机都做成多级的。在多级汽轮机中，蒸汽在依次连接的许多级中膨胀做功，在每一级中只利用整个汽轮机焓降的一小部分。

(1) 级的分类

按功能分为：调节级（又称速度级）和压力级（又称非调节级）

按动叶栅的列数分为：单列级和双列级（又称复速）

(2) 多级汽轮机的优点

1) 每一级的焓降小，最佳速比容易得到保证，故级效率高；

2) 级数越多，焓降越小，C1 和 u 越小，使喷嘴叶栅和动叶栅高度增大，叶栅端端损失减小，压降小，漏汽减小；

3) 在多级汽轮机中，余速损失可以利用；

4) 可以采用抽汽回热给水，提高装置热效率。

(3) 汽轮机一般结构

汽轮机结构主要分为两大部分：

1) 转子：包括动叶栅、叶轮、轴、联轴器等转动部件；

2) 静子：包括汽缸(壳)、喷嘴叶栅、隔板、支承转子的轴承等静止部件。

除此之外还有：

1) 汽封：轴端汽封和级间汽封；

2) 轴承：径向轴承和推力轴承；

3) 进汽阀门：主汽门、调门、再热主汽门、再热截止门。

4.1.4 汽轮机分类

按工作原理：冲动式、反动式；

按热力特性：凝汽式、背压式、调节抽汽式、中间再热式；

按用途：电厂、工业用、船用；

按新蒸汽参数：低压、中压、高压、超高压、亚临界、超临界；

按蒸汽在汽轮机中的流动方向：轴流式、辐流式；

按汽轮机的级数：单级、多级；

按汽轮机的汽缸数：单缸、双缸或多缸；

按蒸汽在汽轮机中的流道数：单流、双流；

按汽轮机的轴线数：单轴、双轴。

4.1.5　核电厂汽轮机特点

（1）新蒸汽参数在一定范围内变化；

（2）新蒸汽参数低，且多用饱和蒸汽；

（3）理想焓降小，容积流量大；

（4）汽轮机中积聚的水分多，容易使汽轮机组产生超速；

（5）在蒸汽发生器传热管破裂或泄漏时，二回路系统就可能有放射性，故对其排汽、排水要加强放射性监测，根据情况，适当处理。

4.1.6　汽轮机辅助系统

（1）汽轮机调节油系统（TTC）

向汽轮机调节系统（TTG）和汽轮机保护系统（TTP）提供处理过的具有合格品质和运行参数的抗燃动力油及保护油。具体来说就是向汽轮机高、低压缸截止阀、调节阀的操作机构及危急脱扣阀提供抗燃油。

（2）汽轮机润滑、顶轴和盘车系统（TTL）

润滑油系统：

1）给汽轮发电机组的支持轴承、推力轴承和盘车装置提供润滑油；

2）向汽轮发电机组提供顶轴油；

3）向发电机提供氢气密封备用油；

4）为汽轮机机械超速和手动脱扣装置供油。

顶轴油系统：

1）在汽轮机及发电机轴承中形成油膜，防止轴颈与轴瓦间发生干摩擦；

2）减少摩擦力矩和盘车装置功率。

盘车系统：

1）冲转前检查动静部分是否有摩擦以及大轴弯曲情况；

2）停机后使汽轮机转子均匀的冷却，防止大轴弯曲。

（3）汽轮机调节系统（TTG）

通过调节汽轮机进汽量对机组实施功率控制、频率控制、压力控制和应力控制，并对机组的负荷和转速实施超速限制、超加速限制、负荷速降限制和蒸汽流量限制，使机组安全和经济地运行于各种工况，满足供电的质量要求。

（4）汽轮机保护系统（TTP）

当汽轮发电机组发生任何预定的故障时，为汽轮发电机组提供安全停机的手段，防止事故发生、扩大和损坏设备，并将汽轮机脱扣信号送到反应堆停堆逻辑线路中，在满足一定条件下反应堆停堆。

(5) 汽轮机轴封系统(TSS)

向汽轮机提供密封蒸汽,在汽轮机正常运行、启动和停止时,防止环境中的空气从轴封处漏入汽轮机低压缸或汽轮机高中压缸中的蒸汽外漏到环境中,并回收汽轮机轴封和汽轮机进气阀阀杆的漏汽。同时轴封系统也是维持凝汽器真空的必要条件。

(6) 凝汽器真空系统(TTV)

在汽轮机启动时和正常运行期间从凝汽器中抽除不凝结气体,建立凝汽器真空并保持凝汽器的设计真空值,从而为汽轮机提供一个合适背压。

4.2 发电机及其辅助系统

4.2.1 发电机系统

(1) 功能及简介

接受汽轮机端传递的动力,将机械能转化为电能,并监测发电机转子轴电流、定子局部放电现象及定子端部和引出线振动情况,确保发电机本体安全运行。

发电机本体系统设计为满足发电机在功率因数 0.9(滞后)运行时最大连续输出功率为 1 200 MW,三相隐极式半转速同步电机,采用水氢氢冷却方式,机端变静态励磁。

主要参数如下:

额定功率	1 200 MW	额定电流	32 075 A
最大连续输出	与汽机匹配	额定功率因数	0.9
额定转速	1 500 r/min	极数	4
额定频率	50 Hz	冷却方式	水氢氢
额定电压	24 kV	额定氢压	0.4 MPa(a)
效率	≥98.95%	励磁方式	静止可控硅

(2) 发电机系统组成

发电机本体系统由以下四个部分组成:

1) 发电机本体;

2) 发电机轴电流检测装置;

3) 发电机局部放电监测系统;

4) 发电机定子绕细端部和引出线振动测量系统。

其中,发电机本体由定子、转子、端盖及轴承、油密封装置、冷却器及其外罩、出线盒、引出线及瓷套端子等部件组成。配有 Unitrol 6800 静态励磁系统及发电机氢、油、水控制系统。

图 4-2 发电机结构示意图

(3) 发电机工作原理

图 4-3 是同步发电机的示意图，以 $A_1—A_2$、$B_1—B_2$、$C_1—C_2$ 代表定子的 A、B、C 三相绕组。三相绕组沿定子铁芯内圆各相间隔 120°电角度(电角度是机械角度乘以极对数)安放。$R_1—R_2$ 代表转子绕组。当直流电通入转子绕组后，由转子电流激起磁场，其极性如图 N-S 所示，ϕ_0 为转子磁极产生的磁通。当发电机转子被原动机(汽轮机或水轮机)带动旋转之后，这个磁场是旋转的，其转向如箭头 n 所示，则定子绕组切割磁通就会感应出电势。电势的大小与转子的转速以及磁通密度的大小有关，由于在设计和制造发电机时有意安排尽量使磁通密度的大小沿磁极极面的周向分布接近正弦波形，所以每根导体中感应出来的电势的大小，也随着时间按正弦波规律变化。转子不停地旋转，磁场的磁力线被三相定子绕组切割，于是就在三相绕组中感应出三相交流电。

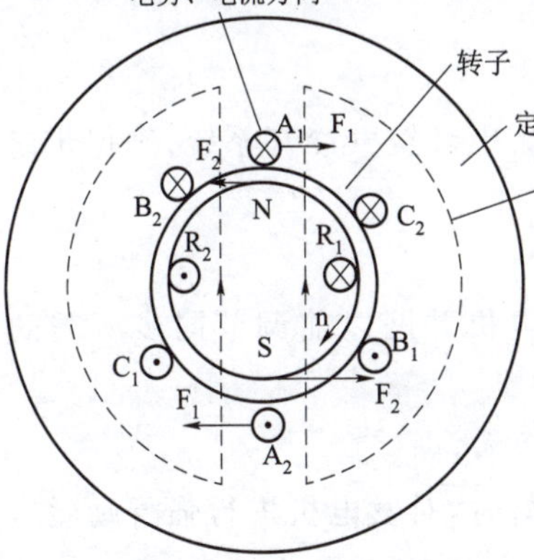

图 4-3 发电机原理图

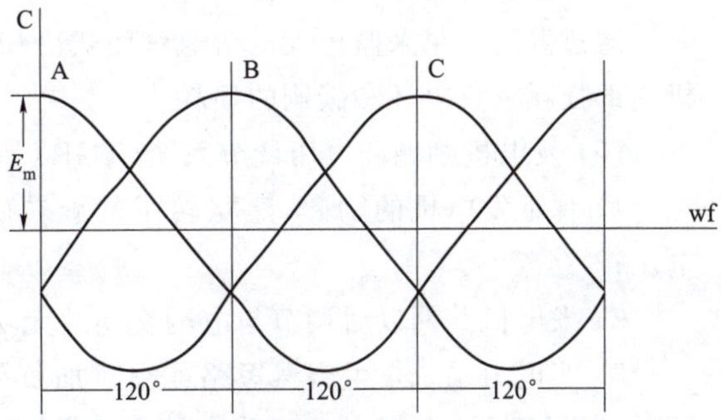

图 4-4 同步发电机三相电压变化示意图

三个相感应电势达到最大值的先后顺序是A—B—C，称为相序。三个相的电势到达最大值在时间上的先后差别就是三相交流电的相位差。

4.2.2 发电机辅助系统

(1) 发电机定子冷却水系统(TGC)

定子绕组冷却系统用于对发电机定子绕组进行冷却，该冷却是通过低电导率的水在矩形导体上的小孔中的循环来实现的，而该类导体由定子绕组用的不锈钢所制成。

该系统能够满足发电机对水质、温度、压力和流量的要求。它确保了发电机在氢气压力工作值条件下的有载运行，也确保了不会有水泄漏进发电机。

正常运行过程中，冷却水由两台100%电动泵中的一台驱动进行循环。定子水由装在定子水装置上的两台冷却器中的一台进行冷却。

(2) 发电机密封油系统(TGO)

发电机油密封系统设计采用双流环式密封油系统，该系统提供给发电机两路独立的密封油且与发电机内氢压维持一个恒定油氢差压值。在发电机密封瓦处形成两道密封油环用于密封发电机内氢气不沿轴向外泄。同时将密封油回油中所带的氢气分离回收以减小发电机内氢气纯度下降。对密封油压力、流量和温度等指标进行在线监测。

正常运行时，交流电驱动主螺杆泵保持密封油的供应。差压调节阀自动把所有提供的空侧密封油进油压力控制在4.5 bar，高于发电机内部的氢气压力0.5 bar。平衡阀自动使所提供的氢侧密封油压力跟踪空侧密封油进油压力，使两个压力尽可能相等。

(3) 发电机氢气供应系统(TGH)

发电机氢气供应系统的主要功能是在发电机检修结束后通过中间介质CO_2来排除发电机内的空气而充入氢气，相反在发电机停机检修之前，则通过CO_2排除发电机内的氢气而充入空气。选择CO_2的目的是避免在充氢或排氢过程中，导致空气与氢气之间的混合而产生爆炸的危险。

正常运行时，发电机氢气供应系统还保证了发电机内的氢气压力，监测氢气的纯度，干燥氢气并监测氢气湿度，以保证发电机工作在允许的限值内。另外，有监测仪监测可能的液体漏入。

(4) 发电机氢气冷却系统(TGM)

通过温度测量来监控发电机氢气闭式冷却系统和集电环空气冷却系统；确保带走发电机内部损耗及集电环和碳刷的损耗。

(5) 发电机励磁和电压调节系统(TGR)

1) 保证发电机的励磁，建立转子的旋转磁场，发电机并网以前调节同步所需的空载电压；

2) 发电机并网以后调节与电网交换的无功功率；

3) 当电力系统发生突然短路或突然加负荷、甩负荷时，对发电机进行强行励磁或强行灭磁，以提高电力系统的运行稳定性和可靠性；

4) 当发电机内部出现短路故障时，对发电机进行灭磁，以避免事故扩大；

5) 监测发电机定子、转子的电气参数用于报警与保护。

4.3 主给水流量调节系统(TFM)

4.3.1 系统功能

(1) 主要功能

主给水流量控制系统(TFM)的功能是向蒸汽发生器供应给水并且调节给水流量以将蒸汽发生器二次侧的水位维持在一个随汽轮机负荷变化所预定的基准值上。供水来自凝结水抽取系统(TFE)的凝汽器，通过给水除氧器系统(TFD)的水箱，在低压加热器(TFL)和高压加热器(TFH)内加热，依靠主给水泵供水(TFP)。

蒸汽发生器的供水量由给水流量控制系统进行调节，它将蒸汽发生器二次侧的水位维持在一个随汽轮机负荷变化所预定的基准值上。

(2) 其他功能

在反应堆启动和停堆期间，蒸汽发生器的给水通常来自启动给水系统(TFS)的给水，经过 TFM 系统的旁路调节阀供应，TFS 系统的给水抽取来自除氧器水箱。

当 TFS 不可用时，给水则由辅助给水系统(TFA)承担。本系统还用于触发反应堆和汽轮机的保护系统动作。这些动作包括：

1) 蒸汽发生器液位保护动作；

2) 给水隔离阀快速关闭(调节阀下游)；

3) 给水主调节阀和给水旁路调节阀快速关闭；

4) 启动给水泵和电动给水泵跳闸；

5) 对不停堆事故瞬态(ATWT)的保护。

(3) 安全功能

主给水流量调节系统不执行安全有关的功能。但是在设计基准事故时，可通过关闭位于核岛厂房的核级调节阀及隔离阀来实现主给水的有效隔离。同时，系统的测量通道要向反应堆保护系统提供蒸汽发生器的液位信息，以便进行事故后监测，因此它又具有部分与安全相关的功能。在接到反应堆保护信号后，调节阀和隔离阀也需要关闭。

当主给水流量控制系统失效时，通过辅助给水系统(TFA)手动对给水流量进行调节，继续向蒸汽发生器供水。如果给水管线破裂，故障的蒸汽发生器可以被隔离。

4.3.2 系统描述

给水经过高压加热器后进入一条给水母管，再由此分为三条给水管路，这三条管路贯穿安全壳，通往三台蒸汽发生器，终止于蒸汽发生器的给水环管。

高压加热器下游的共用给水母管，可保证各蒸汽发生器的给水温度相同。

系统流程见图 4-5。

每条主给水管路的尺寸根据在 100%满功率时的给水流量(蒸汽和蒸汽发生器排污流量的和)在 226 ℃时为 2 057 t/h 来确定。

设计压力和设计温度如下：

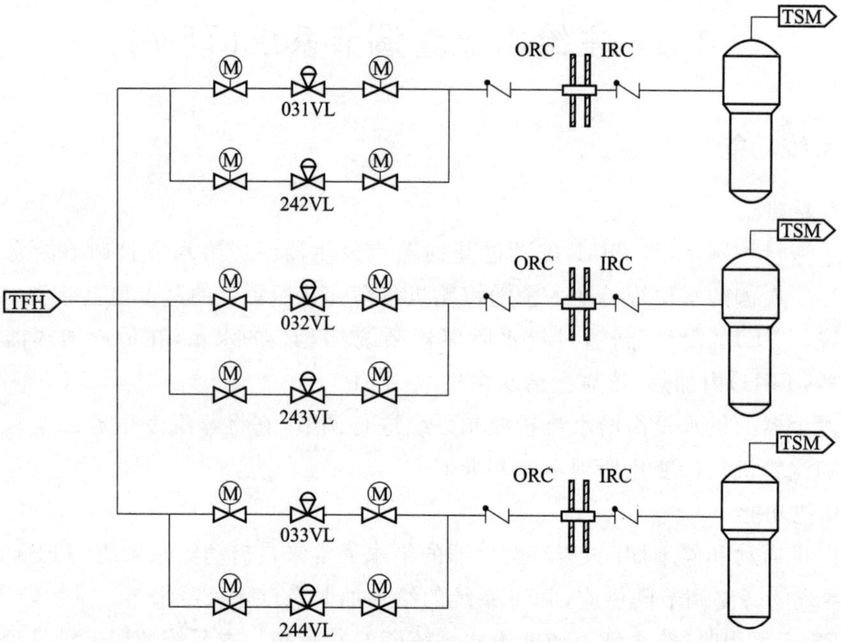

图 4-5 TFM 流程简图

(1) 常规岛供水管路

1) 隔离阀及隔离阀上游为：12.3 MPa(a)、240 ℃；

2) 隔离阀的下游到常规岛/核岛分界点为：9.0 MPa(a)、240 ℃。

(2) 核岛供水管道

1) 从常规岛/核岛分界点到反应堆安全壳内的止回阀：9.0 MPa(a)、240 ℃；

2) 从安全壳内的止回阀(包括止回阀)直至蒸汽发生器：8.7 MPa(a)、316 ℃。

4.3.3 设备描述

(1) 流量调节阀

蒸汽发生器的水位控制由给水流量调节阀来实现。目标是使蒸汽发生器水位保持在一个由负荷确定的预定水位。调节阀并联安装的主、旁路调节阀提供给水流量调节，以调节蒸汽发生器的水位。

(2) 调节阀的隔离阀

给水主调节阀和给水旁路调节阀可以用电动阀从上游和下游进行隔离。所有调节阀下游的隔离阀都能在 20 秒以内关闭；主调节阀上游的隔离阀能在 30 秒以内关闭。旁路调节阀上游的隔离阀能在 20 秒内关闭。调节阀上游的隔离阀不接收“给水隔离信号”。

(3) 给水止回阀

每条给水管路设有两只止回阀：第一只安装在安全壳内；第二只安装在安全壳外，紧靠安全壳，靠近系统安全级别部分和非安全级别部分的分界处。

4.3.4　系统运行

(1) 高负荷运行

在正常工况下，主给水流量调节系统投入工作，电厂与电网相连，反应堆冷却剂环路运行，提供大于等于20% FP的功率，此时：主给水调节阀来保证给水流量控制；旁路给水调节阀全开。

(2) 低负荷运行

当电厂在低于20%满功率的低负荷下运行时：主给水调节阀全关；旁路给水调节阀来保证给水流量控制。

(3) 手动操作

在必要时(自动控制失效时)，可利用给水主调节阀和旁路调节阀的手动控制站来手动控制给水主调节阀和旁路调节阀。启动给水系统(TFS)运行期间(电站启动和停堆)，蒸汽发生器水位通过旁路调节阀进行手动调节。TFS调节阀用于调节TFS泵的总流量。

(4) 主给水隔离信号

出现下列信号时，给水主调节阀及其下游隔离阀关闭：

1) 蒸汽发生器高高水位信号；

2) 安全注入信号；

3) 反应堆冷却剂平均温度低信号与反应堆停堆信号同时出现；

4) 手动关闭信号。

出现下列信号时，给水旁路调节阀及下游隔离阀关闭：

1) 蒸汽发生器高高水位信号；

2) 安全注入信号；

3) 手动关闭信号。

4.4　启动给水系统(TFS)

4.4.1　功能

TFS负责在以下工况下向蒸汽发生器二回路侧提供给水：

(1) 热态启动，此时余热排出系统退出运行，直至运行功率升到2%～3%额定功率时启动给水系统停止运行，同时主给水流量控制系统(TFM)投入运行。

(2) 热停堆阶段，蒸汽发生器内的温度还比较高，可直接由启动给水系统供水冷却蒸汽发生器，维持一回路的压力和温度。

(3) 冷停堆，启动给水系统向二回路供水直到余热排出系统投入运行。

启动给水系统在凝汽器正常运行时才可投入运行。当凝汽器或凝结水泵故障时，辅助给水系统(TFA)作为启动给水系统的备用投入运行。蒸汽发生器二回路的最初上水和冷却停堆后的再次上水均由辅助给水系统完成。

4.4.2 系统描述

TFS 系统流程图见图 4-6。

TFS 向蒸汽发生器供水时，可以实现给水流量控制。总给水流量的调节是通过 TFS 出口调节阀 TFS007VL 或 TFM 的小流量调节阀进行的，单个 SG 的给水流量微调是通过 TFM 小流量调节阀进行的。

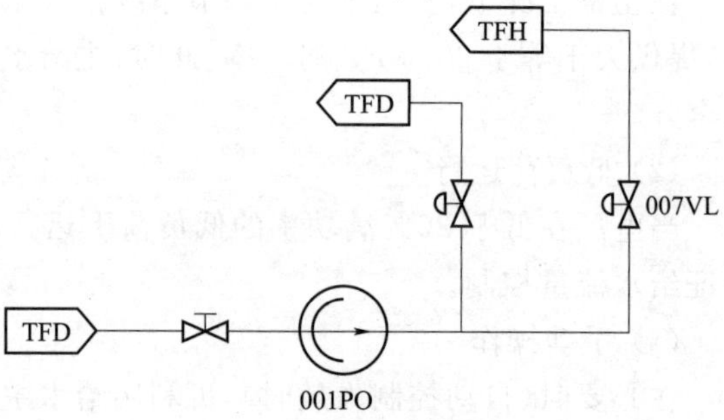

图 4-6　TFS 流程简图

由于 TFS 不同工况时的给水流量设定值不同，所以 TFS007VL 没有设置自动调节系统，只能根据实际情况，在主控室手动调节，TFS 泵的启动和停运均在主控室手动进行。

TFS 系统的设置不但增强了 TFA 的安全性能，还有利于蒸汽发生器的水位调节（由于 TFS 向 SG 供应的是来自除氧器的热水，对水位的扰动小）。

4.5 主蒸汽系统

4.5.1 系统功能

(1) 主要功能

主蒸汽系统（TSM）的主要功能是用于将蒸汽由蒸汽发生器输送到下列设备和系统：

1) 主汽轮机（TSD）及其辅助设备：汽轮机轴封系统（TSS）、凝汽器（TFE）和汽水分离再热器（TSR）；

2) 通向凝汽器和大气的汽轮机旁路系统（TSC/TSA）；

3) 辅助给水泵汽轮机（TFA）；

4) 辅助蒸汽分配系统（WSD）；

5) 汽轮机主汽门（TTP001、002、003、004VV）。

(2) 安全功能

主蒸汽系统与给水流量控制系统（TFM）、启动给水系统（TFS）和辅助给水系统（TFA）一起，用于在电厂正常运行工况、紧急工况和事故工况下排出由反应堆产生的热量。主蒸汽隔离阀设计用来在单一故障的假设下，当在安全壳内的或在径向限位器下游的蒸汽管线破裂后，把失控的蒸汽排放限制到不超过一台蒸汽发生器的水装量。TSM 测量通道的信号用于引发反应堆停堆、安全注入和蒸汽管线隔离等信号。

4.5.2 系统描述

主蒸汽系统流程见图 4-7。

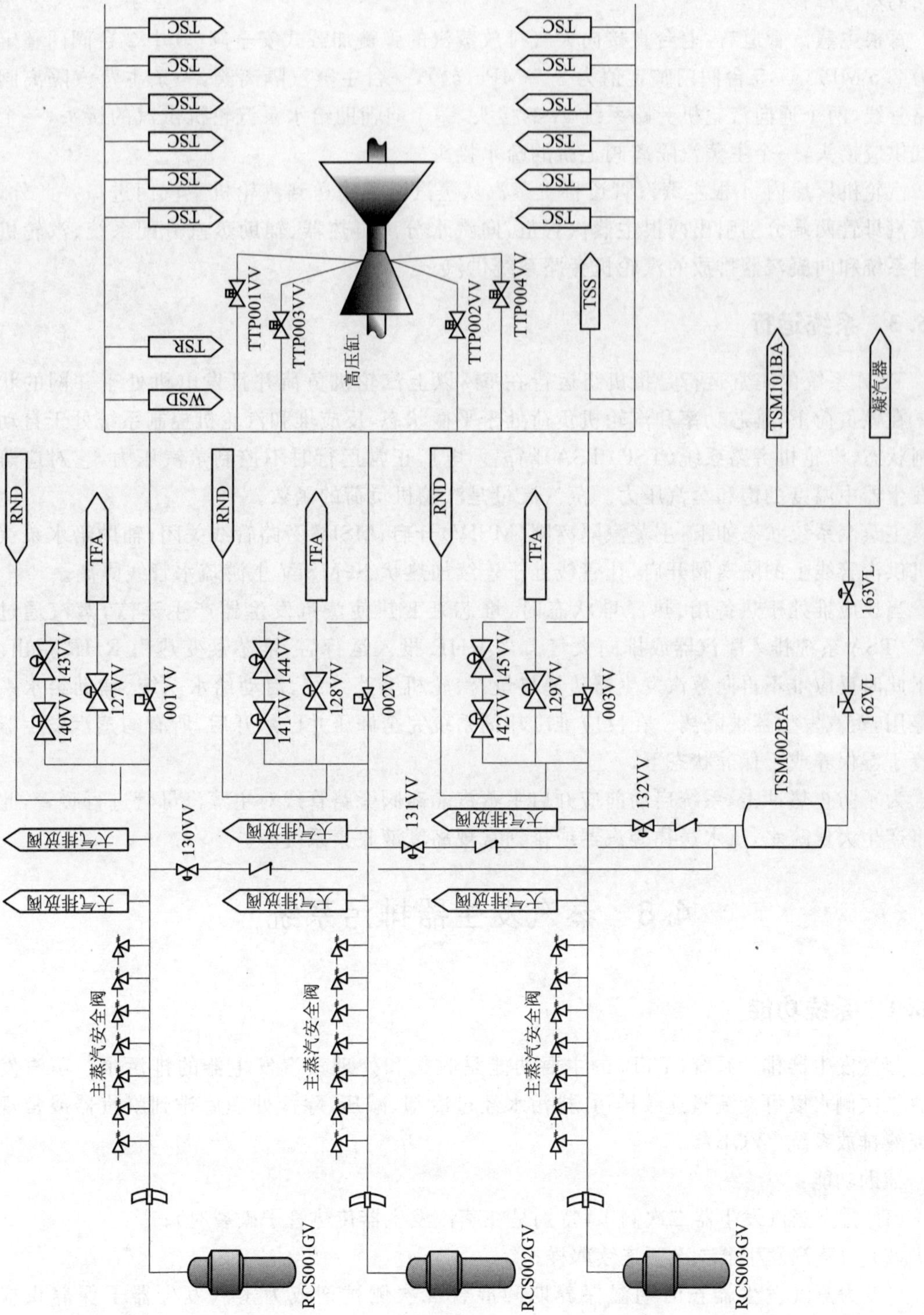

图4-7 TSM系统流程简图

TSM 系统有三根主蒸汽管道，每根管道分别与一台蒸汽发生器出口接管相连。三根管道通过贯穿件后离开安全壳，通过主蒸汽隔离阀的管廊后进入汽轮机厂房，然后合并成一根公共的蒸汽母管。

每根主蒸汽管道有：七台直接向大气排放蒸汽的弹簧加载式安全阀（其中 2 台阀门整定值为 8.5 MPa(a)，5 台阀门整定值为 8.7 MPa(a)），一台主蒸汽隔离阀，一条主蒸汽隔离阀旁路管线，两个通向汽轮机旁路系统-A 的接头，一个向辅助给水泵汽轮机供汽的接头，一个氮气供应接头，一个主蒸汽隔离阀上游的疏水接头。

汽轮机厂房内，4 根主蒸汽管道将主蒸汽从蒸汽母管输送到汽轮机主汽门进口。此外，从蒸汽母管两端分别引出两根主蒸汽管道，向汽水分离再热器、辅助蒸汽分配系统、汽轮机轴封系统和向凝汽器排放的汽轮机旁路系统供汽。

4.5.3 系统运行

TSM 系统的正常运行是指机组运行在 5%以上汽轮机负荷并且发电机处于并网的状态。在该负荷下，堆芯功率和汽轮机负荷处于平衡状态，反应堆和汽轮机控制系统处于自动控制状态，汽轮机旁路系统（TSC/TSA）隔离。电厂正常运行时不控制蒸汽压力，它对应蒸汽发生器中温度的饱和蒸汽压力。蒸汽流量是汽轮机负荷的函数。

主蒸汽系统状态如下：主蒸汽隔离阀（MSIV）开启；MSIV 旁路管线关闭；辅助给水泵汽轮机供汽管线上的隔离阀开启，让管线处于连续加热状态；MSIV 上游疏水管线隔离。

当反应堆处于热备用、热停堆状态时，堆芯衰变热使蒸汽发生器产生蒸汽，蒸汽通过 TSC/TSA 系统排入凝汽器或排向大气。当 RHR 投入运行后，堆芯衰变热由 RHR 带出。由于此时反应堆不再向蒸汽发生器传递热量，汽轮机旁路系统、启动给水系统、辅助给水系统停用，蒸汽发生器被隔离。在反应堆冷却剂系统完全卸压并已敞开后，所有的蒸汽发生器均置于湿保养或干保养状态下。

为了防止热冲击，系统启动前应开启主蒸汽隔离阀旁路管线对主蒸汽母管进行暖管，此时将产生大量疏水，疏水送往凝汽器或排到常规岛废液收集系统中。

4.6 蒸汽发生器排污系统

4.6.1 系统功能

蒸汽发生器排污系统（TTB）的主要功能是收集和处理蒸汽发生器的排污水。蒸汽发生器二次侧水以可变流量连续排污，排污水经过冷却、减压、除盐处理后排到凝汽器或常规岛废液排放系统（WQB）。

辅助功能：

(1) 排空蒸汽发生器二次侧水（特别是在蒸汽发生器传热管子破裂时）；

(2) 对蒸汽发生器二次侧连续取样；

(3) 为蒸汽发生器长时期湿保养期间混合二次侧试剂或为蒸汽发生器干保养供应氮气；

(4) 对蒸汽发生器二次侧系统样品和 TTB 系统本身的取样水进行再处理；

(5) 冷停堆之后，特别是核蒸汽供应系统升温前，通过排污下泄来调节蒸汽发生器水位

安全功能：在设计基准事故 SGTR 工况下，通过打开蒸汽发生器排污系统事故排放管线上的电动隔离阀，将破损蒸汽发生器内漏液排向内置换料水箱，使破损蒸汽发生器降压，同时限制破损蒸汽发生器水位，防止破损蒸汽发生器满溢。

4.6.2 系统描述

蒸汽发生器排污系统可以分为排污水的收集、冷却、减压，流量控制站，处理系列，回收或排放，以及 SGTR 工况下事故排放管线六个部分。TTB 系统流程简图见图 4-8。

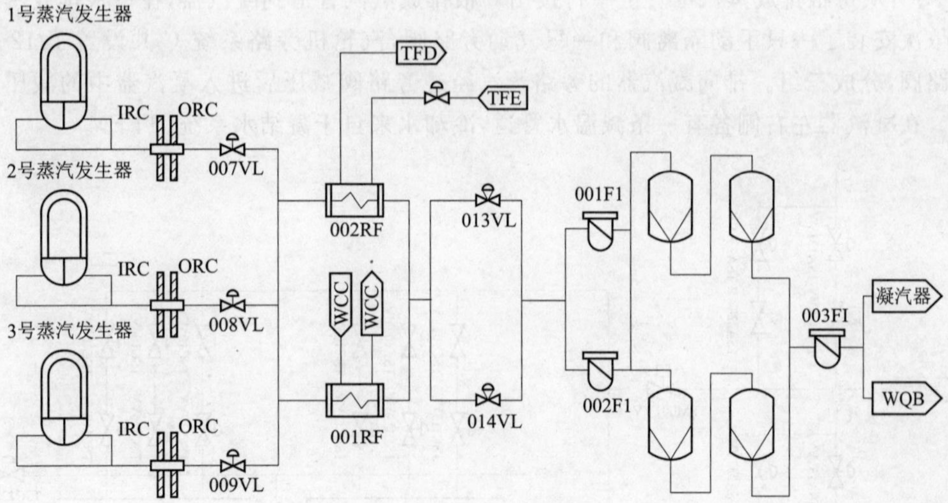

图 4-8 TTB 系统流程简图

4.6.3 系统运行

正常运行时，TTB 排污是连续的，排污量是可变的，排污水经处理后再循环到凝汽器。正常运行的最小排污量是 10 t/h，也可增加至最大流量 73.5 t/h。排污量的大小取决于凝汽器的泄漏和一回路向二回路的泄漏量。调节排污量和化学试剂的添加量可使蒸汽发生器的水质保持在控制参数范围内，特别是在带功率运行期间。

排污水由再生热交换器(002RF)冷却，冷却水来自凝汽器凝结水，冷却水在该热交换器中被加热，然后返回到除氧器给水箱。冷却后的排污水经调节阀门 013VL 或 014VL 减压。在经除盐器处理前，排污水经过滤器(001FI 或 002FI)过滤。过滤后的排污水由两条并联的除盐系列处理，然后排污水被引至凝汽器。

4.7 汽轮机旁路系统

4.7.1 系统功能

汽轮机旁路系统包括：汽轮机旁路系统-A(TSA)和汽轮机旁路系统-C(TSC)。主要功

能是：当汽轮机负荷发生大幅度下降时，将主蒸汽排放到凝汽器和大气中，为反应堆提供一个“人为”的负荷，降低核蒸汽供应系统中温度和压力瞬变。另外，带走停堆后的余热，使机组安全稳定运行。

安全功能：防止一回路过热和超压；防止反应堆冷却剂系统过冷；堆芯余热导出；某些事故工况下，TSA 实现一回路的快速冷却。

4.7.2 系统描述

TSC 和 TSA 系统流程简图见图 4-9。

TSC：从每根排放蒸汽母管上平行接出 6 根排放蒸汽管道到凝汽器，在每根排放蒸汽管道上依次安装了一只手动隔离阀和一只气动旁路阀，汽轮机旁路系统-C 共设置了 12 个气动旁路阀，分成三组。排向凝汽器的旁路蒸汽经过旁路阀减压后进入凝汽器中的减压减温装置。在凝汽器左右侧各有一条减温水管道，冷却水来自于凝结水系统(TFE)。

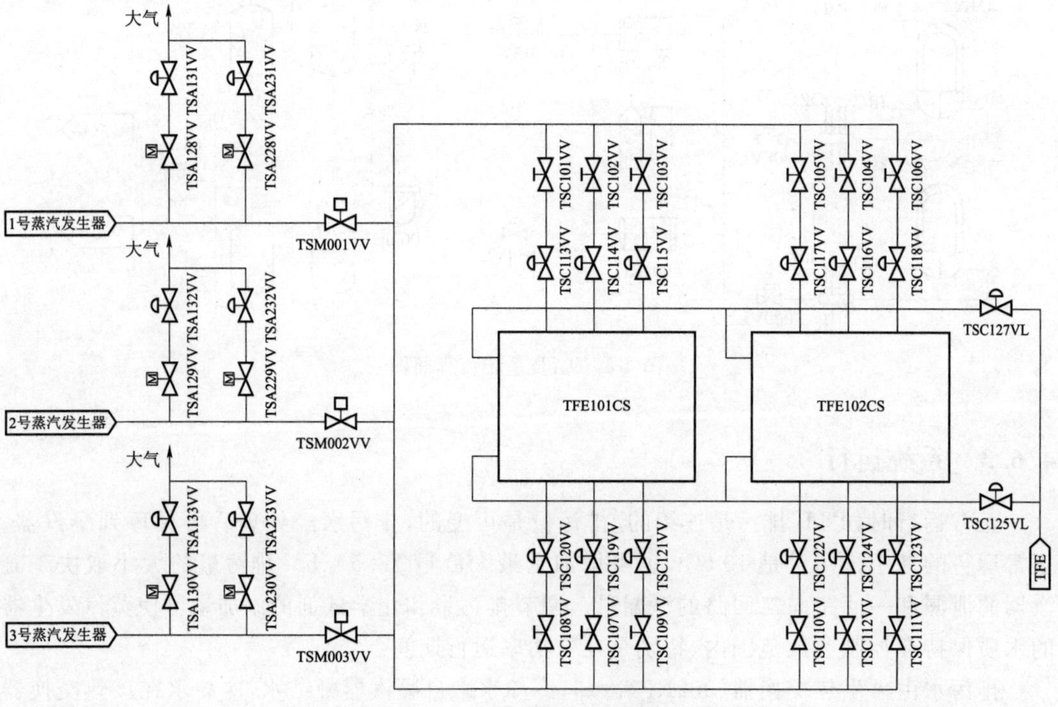

图 4-9 TSC 和 TSA 系统流程简图

TSA：每条蒸汽发生器出口管路上设有两条向大气排放的管路。每条排放管路设有一个电动隔离阀和一个气动调节阀。两条大气排放管道汇总到一起，流经一台消音器将蒸汽排向大气，用以降低系统的噪音水平。

4.7.3 系统运行

当电厂在稳态功率运行时，汽轮机旁路系统是关闭不用的，反应堆冷却剂系统的温度由控制棒系统进行控制。在反应堆启动和停运过程中(余热排出系统未投入情况下)及反应堆处于热备用、热停堆状态下，由汽轮机旁路系统投入，导出一回路的热量。

汽轮机甩负荷时，堆芯提供的功率与汽轮机负荷之间出现暂时的不平衡。汽轮机旁路系统把反应堆的多余热量排向凝汽器，与控制棒一同控制反应堆冷却剂温度，避免造成反应堆紧急停堆事故。带厂用电运行时大约 6% P_n 的负荷由汽轮机导出，其余负荷排向汽轮机旁路系统。

汽轮机脱扣后，如果旁路系统有效，则旁路阀开启，反应堆阶跃降负荷，实现停机不停堆。

反应堆跳闸时，将引起汽轮机脱扣而使得蒸汽发生器压力上升。汽轮机旁路系统动作避免了蒸汽发生器安全阀的动作。

TSA 系统控制回路中压力整定值设置在 7.85 MPa(a)，当机组正常运行、甩负荷或反应堆停堆而蒸汽旁路系统-C 可用时，蒸汽发生器出口处的实际蒸汽压力低于选定的整定压力，从而使蒸汽大气排放阀保持关闭状态。如果凝汽器不能使用，蒸汽旁路系统-C 被闭锁。蒸汽发生器压力上升，控制回路使大气排放阀开启，从而在安全阀动作之前，在满负荷下有大于 10%的流量被排走。随着余热减少，大气排放阀逐渐关闭。

4.8 厂内外电源

4.8.1 系统功能

在机组正常运行时，由发电机组通过主变压器向 500 kV 电网输送电力，并通过降压变压器向厂内用电设备供电。

在机组启动和停运时，由 500 kV 电网向厂内用电设备供电。

在发电机出口母线失压且 500 kV 电网向厂内供电失败，或厂用降压变压器故障时，由 220 kV 后备电源经辅变向厂内用电设备供电。

在外电源全部断电且机组故障时，由应急柴油发电机组向应急厂用设备供电。

4.8.2 厂外电源

每个机组有两路厂外电源：500 kV 主厂外电源与 220 kV 辅助厂外电源。厂内电源图见 4-10 厂内电源主接线图(5、6 号机组)

500 kV 电网保证 5、6 号机组的发电机输出电能，并保证 5、6 号机组正常启动和停止时厂用电设备的供电。500 kV 高压开关站的主接线方式为 2/3 接线，四条母线共有 6 串接线(其中第 3 串没有出线、第 5 串连接高抗)。四条 500 kV 输电线路，分别来自附件莆田圆顶和福州东台 500 kV 变电站，接入电厂 500 kV 高压开关站，其中来自圆顶的两路进线(玉顶Ⅰ路、玉顶Ⅱ路)与电厂 1、2 号机组的出线在 500 kV 高压开关站的第 1、2 串相连，来自东台的两路进线(玉东Ⅰ路、玉东Ⅱ路)与电厂 4、6 号机组的出线在 500 kV 高压开关站的第 4、6 串相连。5、6 号机组出线连接在第 5、6 串接线。

当 500 kV 主厂外电源和发电机均失电时，由厂外 220 kV 电网经辅助变压器向机组的常备厂用设备、应急厂用电设备和厂区公用设备供电。辅助厂外电源为两台机组共用。辅助厂外电源由两条条 220 kV 线路输入必须提供的功率。220 kV 有两条母线，两路进线，分别是来自华塘变电站的玉塘线和来自燕墩变电站的玉墩线。两个机组安装两台辅助变压器，这两台辅助变压器应能满足一台机组冷停堆，另一台机组热停堆时的厂用负荷之需，此时还应能对 1 台反应堆冷却剂泵恢复供电，并对仍需运行的两台单元机组共用及厂区厂用设备进行供电（切除不重要负荷）。

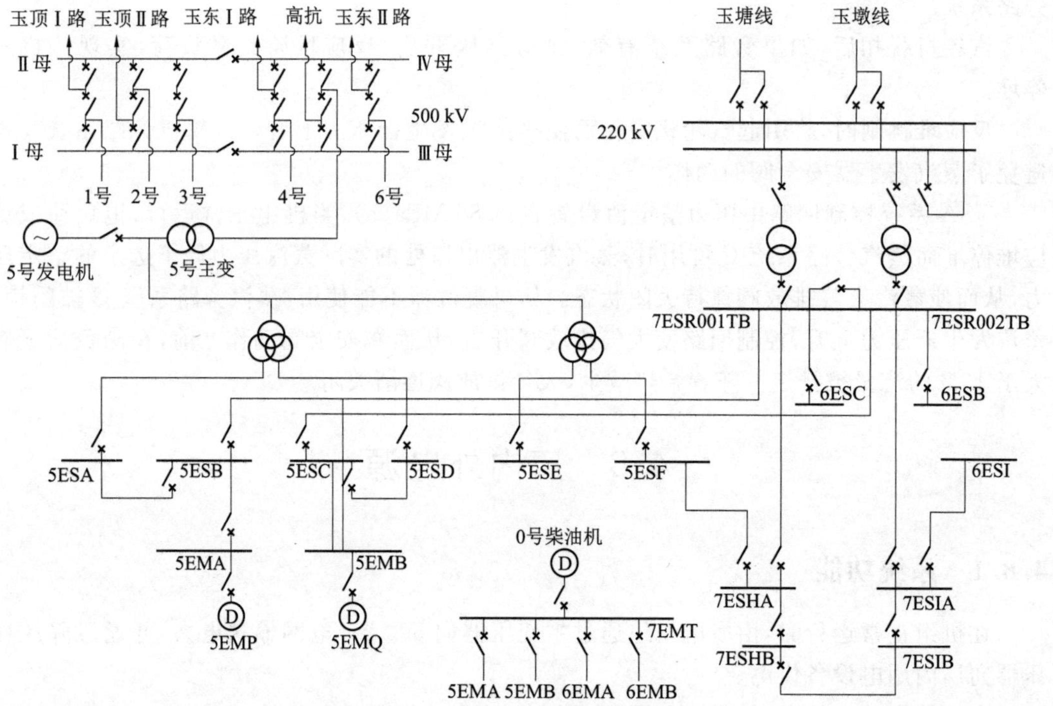

图 4-10 厂内电源主接线图（5、6 号机组）

4.8.3 厂内电源

（1）厂用电设备分类

机组的厂用设备一般分为以下几类：

1）单元厂用设备：电厂单元机组正常运行所需要的设备。当机组停运以后，这些设备均可停用；这些设备只需要一个厂外电源，该电源在机组启动、并网、满功率运行及带厂用电运行时都应有效。它们均由 ESA、ESD、ESE、ESF 供电。

2）常备厂用设备：电厂单元机组正常运行时需要工作，且在正常停运过程中以及停运期间还需要运行的设备。它们均由 ESB、ESC 供电。这些设备需要两个厂外电源，正常时由工作电源（主电源）供电。当工作电源故障时，经电源自动切换，能够由备用电源（辅助厂外电源）供电。

3）应急厂用设备：这些厂用设备是核安全和电厂主要设备的保护所必需的设备，包括安全级厂用设备及主设备安全厂用设备。它们均由 EMA、EMB 供电。这些设备不仅需要两个厂外电源，同时还配备柴油发电机，保证电源的可靠性。

4）厂区及公用厂用设备：共用及厂区厂用设备与电能生产无直接关系，其功能不影响单元机组的运行。它们均由 7ESH、ESI 供电。这些设备由两个单元机组的厂用电系统（5/6ESF）供电，当一个单元机组的电源系统故障时，由另一个单元机组的正常厂用电系统供电。如果两个厂内用电系统均故障，可由两机组共用的厂外辅助电源(7ESR)供电。

(2) 电气设备安全分级

电气设备从核安全功能出发分为1E级(安全级)及非1E级(非安全级)。

凡执行下列功能的电气系统的设备和部件定义为1E级：

1) 反应堆紧急停堆；

2) 安全壳隔离；

3) 堆芯应急冷却；

4) 反应堆余热导出；

5) 反应堆安全壳厂房热量排出；

6) 防止放射性物质向环境大量释放。

(3) 电气系统的标识

每个配电盘均用四个符号加以标识，其中第一个为数字码，后三个为英文字母。如5ESA含义为5号机组6.6 kV正常供电系统配电盘A段。第一个数字码表示：5为5号机组，6为6号机组，0为全厂公用，7为5、6号机组共用。第二个符号E表示：厂内电气系统。第三个符号S表示：电压及电流类别。第四个符号A表示：配电盘序号。

电压及电流类别有以下几种：

A＝220 V交流不间断电源

B＝24 V直流电源

C＝48 V直流电源

D＝110 V直流电源

E＝380 V交流应急电源

L＝380 V BOP交流正常电源

P＝380 V主厂房及常规岛交流正常电源

R＝380 V核岛交流正常电源

M＝6.6 kV交流应急电源

N＝220 V交流正常电源

S＝6.6 kV交流正常电源

T其他电气系统

(4) SBO电源系统

1) 400 V SBO电源系统

400 V SBO电源作为全厂断电事故(包括同时发生严重事故)的电源，可以向安全重要设备、监测、控制、通风、照明等负荷供电，以缓解事故后果并为恢复厂内外交流电源提供抢修时间。

400 V SBO电源设有两台400 V移动式车载交流柴油发电机组，一用一备。其接入方式见图4-11。在SBO柴油发电机组厂房内设置一端接箱，必要时接入移动式柴油发电机组及原供电给EES010AR配电柜的电缆，并利用原有的供电通道给上述负荷供电。

2) 6.6 kV SBO电源系统

6.6 kV SBO电源系统为两机组公用的厂区附加柴油发电机和一台电厂公用中压6.6 kV移动电源。6.6 kV SBO电源系统接入方式见图4-12。

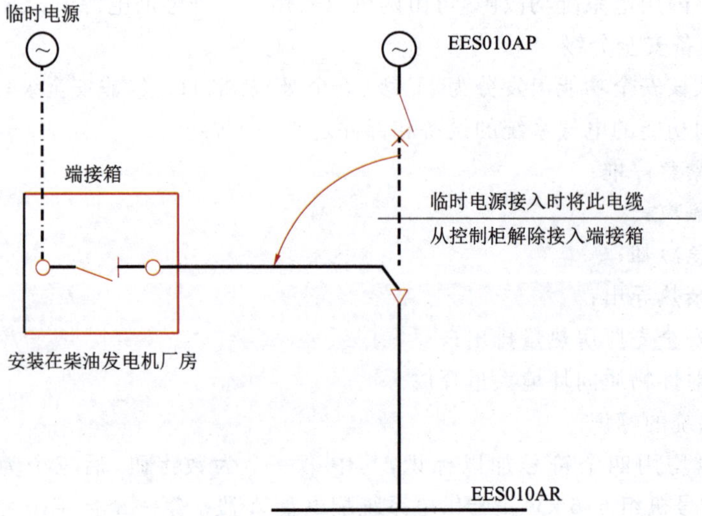

图 4-11　400V SBO 电源系统

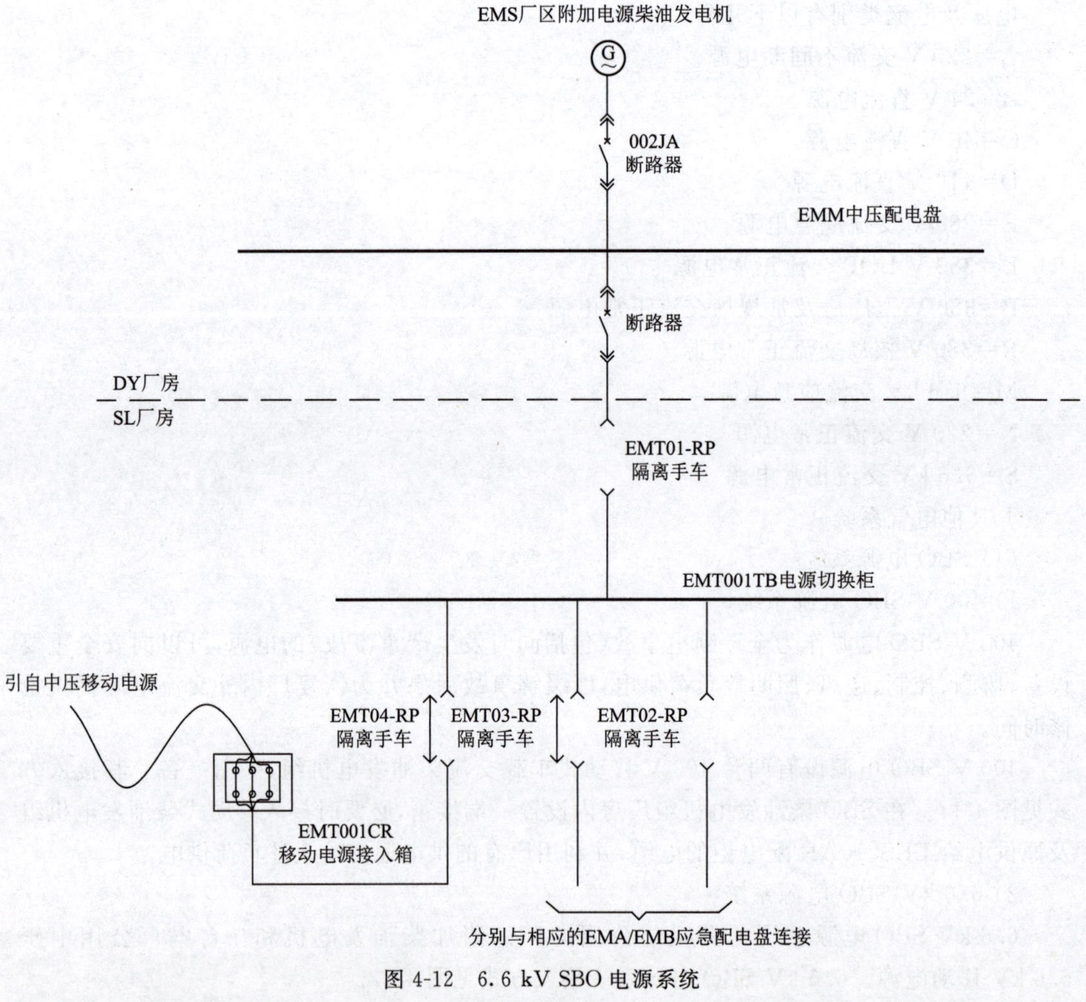

图 4-12　6.6 kV SBO 电源系统

4.9　通风空调系统

4.9.1　主控室空调系统(VCL)

(1) 系统功能

VCL 系统是主控室、技术支持中心、计算机室等相关房间通风系统,执行下列功能:

1) 保持房间内的温度和湿度在所规定的限值内,以满足设备运行和人员可居留的要求;

2) 保证最小的新风量;

3) 维持主控室可居留区内压力略高于其他区域的压力;

4) 当发生事故从而导致大量放射性污染物释放时,新风和回风经过净化后送入主控室、技术支持中心及相关房间来维持可居留性。

(2) 系统描述

VCL 系统包括:主送风管路及应急过滤管路。

主送风管路主要由两套组合式空调机组构成,并联设置。

应急过滤管路(仅在厂区污染情况下运行)由两个 100%冗余设置的应急过滤管路构成。

(3) 系统运行

VCL 以新风加回风的方式连续运行。正常运行时,应急过滤机组停运,两套组合式空调机组的一套运行,另一套保持备用状态。当运行机组故障时,备用机组自动启动。

在厂区污染情况下,VCL 以循环方式连续运行,应急过滤管路由 IRA 系统自动启动。此时使用 1#应急取风口取新风。当 1#应急取风口放射性水平较高,达到一定阈值时,由 IRA 系统发出报警。主控室人员可根据现场情况,从 1#应急取风口切换到 2#应急取风口取新风。在主控室也可进行相反的操作。

两套空调机组的任一台由控制室手动远距离控制启动。然后,将机组控制器切换到自动位置。在失去风量的情况下,备用空调机组中的风机自动启动。过滤管路的启动即可由控制室手动远距离控制,也可由 IRM 系统自动控制。

4.9.2　环形空间通风系统(CAV)

(1) 系统功能

环形空间通风系统通过维持环形空间的负压,保证来自内层安全壳内部泄露的空气在排放前经过过滤,避免被污染的空气直接流向环境。

CAV 系统的目的是限制在安全壳内部事故的情况下厂外的放射性。

(2) 系统描述

CAV 系统由两个安全系列(A、B)和一个正常系列组成,每个系列由一台变频器控制风机启、停和调整风速,用于维持安全壳环形空间负压。安全壳环形空间的负压在 −100～−300 Pa。

除冷停堆期间,正常运行时启动正常系列风机。出现故障时,切换到安全系列 A,如果安全系列 A 发生失效，启动安全系列 B。

4.9.3 安全壳连续通风系统(CCV)

安全壳连续通风系统设计用于保持反应堆厂房内适当的温度状态，使设备正常运行，便于人员进入。辅助安全壳连续通风系统设计为穹顶提供适当的通风。CCV 系统是安全壳厂房内的一个再循环系统。

安全壳连续通风系统由两个分系统构成：主要通风系统和辅助通风系统。

主要通风系统中有 3 台 50%冗余再循环风机。辅助通风系统中有 2 台 100%冗余再循环风机。

在电厂正常运行或热停堆期间，CCV 系统保持连续运行。在机组冷停堆期间，CCV 系统一般不运行。

CCV 系统正常运行时，主要通风系统中 2 台风机运行，第 3 台处于备用状态。辅助通风系统中的 1 台风机运行。

4.9.4 安全壳换气通风系统(CSV)

CSV 系统仅在反应堆冷停堆时启动，主要功能为：

(1) 在反应堆冷停堆期间，为在反应堆厂房内的维修操作人员保持一个合适的环境温度。

(2) 在反应堆冷停堆时，降低反应堆厂房内裂变气体的浓度，使得人员能以尽可能短的时间持续进入。

(3) 在机组停运期间，保持含氧废气分离箱处于轻微的负压。

4.9.5 核辅助厂房通风系统(VNA)

(1) 系统功能

1) 在电厂正常运行期间，保持核辅助厂房的室内温度在设备运行和/或人员健康及安全所规定的范围内；

2) 按辐射防护分区，限制房间中的放射性水平，以便人员进入；

3) 控制空气从潜在低污染区流向潜在高污染区，然后向室外排放；

4) 减少向环境释放的放射性污染物的浓度；

5) 保持厂房内的压力略低于厂房外大气压力，以减少电厂在各种运行工况下由厂房泄漏的放射性气体；

6) 反应堆冷停堆期间，保证安全壳换气通风系统(CSV)所需的风量和过滤要求；

7) 发生火灾时，排除核辅助厂房电气间的烟气；

8) 保证 WNC 制冷机房和泵房的温度，并在发生制冷剂泄漏时保证房间的排风；

9) 维持 RHR 泵房和换热器房间的温度。

(2) 系统描述

VNA 系统由下列子系统组成：

1) 正常通风子系统；

2) 碘排风子系统；

3）电气间排烟子系统；

4）WNC 制冷机房和泵房通风子系统。

4.9.6　核燃料厂房通风系统(VFL)

（1）系统功能

VFL 功能包括：

1）维持设备完成一般功能所需要的环境温度和人员进入所需要的环境温度；

2）限制环境空气中水蒸汽含量，避免水蒸汽在乏燃料水池大厅墙内壁结露；

3）在事故情况(燃料操作事故、铅容器操作事故、LOCA 事故)下，把排风的放射性降低到居民可接受及允许排放的水平。

（2）系统描述

VFL 包括两个分系统：正常通风分系统和事故情况下运行的低流量排风分系统。

VFL 系统的送、排风机组设置在燃料厂房的＋5.50 米和－5.3 米的标高上。排风量大于送风量，确保未过滤的空气从室外渗透到厂房内。

4.9.7　电气柜间通风系统(VEB)

电气柜间通风系统由中低压电气柜间通风子系统(A 系列、B 系列)、WSC 冷冻机房通风子系统和电气厂房廊道区(LL)通风子系统构成。

各子系统的功能：

中低压电气柜间通风子系统和电气厂房廊道区(LL)通风子系统：

1）保持室内温度在设备运行所规定的范围内；

2）保证至少每小时一次的换气次数；

3）在各房间内保持微小的正压，以避免尘埃的渗入；

4）当污染物向大气释放时，系统以全循环风方式运行，对房间进行冷却；

5）WSC 冷冻机房通风子系统；

6）为运行人员及冷水机组提供适当的室内温度；

7）发生制冷剂泄露事故时，保证冷冻机房的通风。

4.9.8　控制柜间通风系统(VEC)

VEC 系统功能如下：

1）保持房间内的温度和湿度在所规定的限制内，以满足设备运行要求；

2）维持室内压力略高于出入口区域的压力。

VEC 系统分为 A 系列和 B 系列。每个系列均有两个并联的空调处理机组。正常运行时，每个系列中的一个空调处理机组运行，另一个保持备用状态，当运行的空调机组出现故障时，备用机组自动启动。

4.9.9　电气厂房机械设备区通风系统(VEE)

电气厂房机械设备区主通风系统：

本系统为电气厂房机械设备区通风、采暖和冷却，该区域包括：控制棒驱动机构机柜间和电源室、WEC系统A/B系列制冷机房、WEC系统A/B系列冷冻水泵房、辅助给水泵房以及相关辅助房间。

A/B系列制冷机房循环冷却系统：

制冷机房温度高时，保证A/B系列制冷机房的设计温度。

A/B系列制冷机房事故通风系统

发生制冷剂泄露事故时，保证A/B系列制冷机房的通风。

4.10 消防系统介绍

4.10.1 概述

核电厂通过预防火灾和限制火灾蔓延手段、设置火灾探测以及自动或手动的灭火措施实现防火的目的。其中：预防火灾通过尽量使用不燃或难燃的建筑材料和设备，并对易产生火灾的物品选择妥善的贮存方式和位置。限制火灾蔓延是通过划分不同的防火分区，且采用防火墙、楼板按防火构造要求等方式实现防火隔离。火灾探测措施能将火灾出现的位置迅速、准确地通知电厂运行值班人员。灭火措施是通过安装在有较大火灾隐患场所的固定式灭火装置和其他诸如消火栓、移动式灭火器等装置进行灭火的手段。

核电厂消防系统按照功能可分为火灾探测和报警系统、移动式和便携式消防设备、厂区消防水系统、核岛消防水系统四个部分，各消防系统的关系如下：

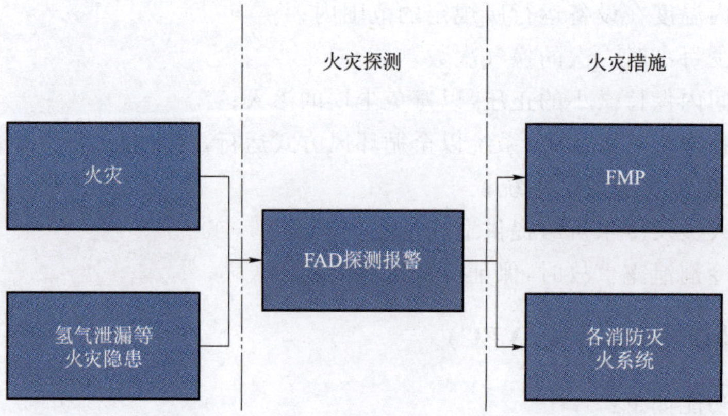

	消防水源	分配管网	消防水用户
厂区消防水系统	FSW	FSD	室外消火栓、FBD
核岛消防水系统	FWP	FWD	FNP、FEP、FDP、FSP、FGP； TFA和WCC应急用水； 超设计基准条件：PCS、CIS补水水源，PRS、TFA和乏燃料水池应急补水

4.10.2 火灾自动报警系统(FAD)

火灾自动报警系统通过遍布核岛厂房的火灾探测器对厂房火警进行连续监测，一旦发生火灾，及时给出自动火灾报警信号，并确定火源位置，记录首个火灾报警信号和监控火势发展。特定情况下，报警信号将启动防火阀、排烟阀、灭火设备等，其中的氢气探测系统能连续监测核岛厂房内可能积累氢气的各个区域，能自动告知运行人员是否有氢气泄露，在环境空气中的氢气泄漏量达到爆炸浓度之前发出报警。

火灾探测功能由设在核岛厂房各防火分区的火灾探测器实现，同一防火分区可能使用几种不同类型的火灾探测器。当火灾探测器触发报警时，在相应机组的火灾报警控制器上出现声光报警信号，火灾报警控制器位于电子设备间内。同时，报警信号以图形和文字形式显示在主控室的操作员工作站上，并可打印相关信息。许多厂房(如电气厂房、安全厂房、核燃料厂房、核辅助厂房、反应堆厂房等)均配备有就地模拟盘，它们重复显示相应报警信号。

火灾部位通过火灾探测器上的编码确定。在核岛部分，总线上火灾探测器均带有独立地址编码，这些火灾探测器使运行人员能从火灾报警控制器上迅速准确地识别出火灾部位。对常规岛和部分 BOP 区域，在火灾报警控制器上只显示若干组合地址，该地址表示发生火灾的区域。

氢气探测系统用于连续监测氢气可能积累的各个区域(氢气高风险区)并在氢气泄漏和积累时自动告知运行人员，在周围空气中的氢气浓度达到爆炸下限值(LEL)前触发报警。

4.10.3 移动式和便携式消防设备系统(FMP)

该系统通过设在主要的防火点的便携式或推车式灭火器作为最初的灭火手段，灭火的效能直接与干预速度和灭火设备的选择有关，灭火设备必须与火灾类型相适应。

火灾根据物质及其燃烧特性划分为以下几类：

A 类火灾：指固体物质火灾，如木材、棉、毛、麻、纸张等燃烧的火灾；

B 类火灾：指液体或可熔化固体物质火灾，如汽油、煤油、柴油、原油、甲醇、乙醚、丙酮等燃烧的火灾；

C 类火灾：指气体火灾，如煤气、天然气、甲烷、丙烷、乙炔、氢气等燃烧的火灾；

D 类火灾：指金属火灾，如钾、钠、镁、钛、锆、锂、铝镁合金等燃烧的火灾；

E 类火灾(带电火灾)：指带电物体燃烧的火灾。

用于灭火器内的灭火剂有以下几种：

灭火剂	灭火作用	适用火灾种类
ABC 干粉 (磷酸铵盐)	抑制火焰	用于 A 类、B 类、C 类和 E 类
CO_2	窒息和得不到氧气	小型 B 类火灾和 C 类火灾
泡沫	冷却和覆盖燃烧物表面使其与空气隔绝	A 类和 B 类火灾

4.10.4 厂区消防水系统(FSW、FSD、FBD)

除了设置手提及移动式灭火器，在各厂房设置了消防水系统。消防水系统由厂区消防

水生产系统(FSW)、厂区消防水分配系统(FSD)和子项消防水分配系统(FBD)构成。简述如下:

厂区消防水生产系统(FSW)为整个厂区(不含核岛厂房)提供满足流量和压力要求的消防水,是厂区消防水分配系统(FSD)的消防水源。FSW 有 1 座消防水池,通过 4 台消防水泵加压后送至厂区消防水分配系统(FSD)。一旦 4 台水泵均失效,可由消防车通过水泵结合器向管网供水。

厂区消防水分配系统(FSD)为福清核电厂 5、6 号机组主厂区室内外(核岛室内除外)消防管网分配消防用水,为室外消火栓和各厂房(核岛室内除外)的子项消防水分配系统供水。在没有火灾的情况下,FSD 系统管网由位于厂区消防泵房内的稳压设施保持消防管网的压力;如果发生火灾,FSW 的消防水泵将启动,从厂区消防泵房内的消防水池抽水,经 FSW 管网向 FSD 管网供水。

子项消防水分配系统(FBD)根据各厂房的火灾危险性和生产特性,设置满足相关规范要求的防火保护措施,对 BOP 子项进行消防保护。在子项内部,FBD 系统包括消火栓系统、水喷雾系统、泡沫喷淋系统、自动喷水灭火系统、气体灭火系统等。

4.10.5 核岛消防水系统(FWP、FWD、FNP、FEP、FDP、FSP、FGP)

核岛消防水系统采用单堆布置,每台机组核岛消防水系统包括:核岛消防水生产系统(FWP)、核岛消防水分配系统(FWD)、核岛消防系统(FNP)、电气厂房消防系统(FEP)、柴油发电机厂房消防系统(FDP)、安全厂房消防系统(FSP)和核岛电缆沟消防系统(FGP)。

核岛消防水生产系统(FWP)的功能是向核岛厂房各灭火系统及保护安全厂用水泵的消火栓提供满足灭火所需流量、压力的消防水,是核岛消防水分配系统(FWD)的消防水源。除了提供消防用水外,FWP 还通过 FWD 向辅助给水系统(TFA)和设备冷却水系统(WCC)提供最终的应急用水,并在超设计基准事故情况下,作为重要系统应急补水的水源。

核岛消防水分配系统(FWD),向核岛厂房灭火系统(包括核岛消防系统 FNP、电气厂房消防系统 FEP、柴油发电机厂房消防系统 FDP、安全厂房消防系统 FSP、核岛电缆沟消防系统 FGP)提供消防用水,同时 FWD 向辅助给水系统(TFA)和设备冷却水系统(WCC)提供最终的应急用水。此外,在超设计基准条件下,如果消防系统可用,可以为非能动安全壳热量导出系统、堆腔注水冷却系统提供补水水源;为非能动余热排出系统、辅助给水系统和乏燃料水池提供应急补水。

核岛消防系统(FNP)是为了预防在核岛内可能发生的火灾而设立的,该系统涉及的区域包括:反应堆厂房、核燃料厂房、核辅助厂房和核废物厂房。

电气厂房消防系统(FEP)通过管网将 FWD 的消防水送至电气厂房和运行服务厂房固定式喷水灭火设备及消火栓,并在发生火灾时对相关区域进行灭火保护。

柴油发电机厂房消防系统(FDP)通过火警探测装置连续监测每台机组的柴油发电机厂房和 EES 水压试验泵柴油发电机组厂房,并通过 AFFF 泡沫灭火装置,在火灾发生时进行灭火和控制火灾蔓延。

安全厂房消防系统(FSP)是为安全厂房可能发生的火灾提供必要的灭火措施,安全厂房指:电缆廊道、配电装置、I&C 电子设备间、安装低压配电盘和中压配电盘以及其他电源的房间、中压安注泵和应急硼注入泵间。

核岛电缆沟消防系统(FGP)功能是为预防核岛室外电缆沟 GF1 和 GF2(抗震段)可能发生的火灾而设置的固定灭火系统,系统配有固定水喷雾灭火装备,发生火灾时对相关区域进行灭火保护。

第五章　电厂启停和事故规程体系

5.1　运行状态

核电机组的运行状态往往由于外部（如电网故障）或内部（某一设备故障或失效）的原因，使各种运行参数产生变化。为了使运行人员能在各种工况下控制好各种重要的运行参数，保证机组正常运行和核安全，在技术规范中对反应堆的各种标准运行状态都作出了具体的规定。

技术规范书对每一种运行工况都规定了具体的运行参数，而且各种运行参数都具有一定的变化范围和运行区间。

5.2　运行模式——新技术规范定义

新技术规范从使用者的角度根据热工、核物理以及运行条件和运行目标定义了六种运行模式：模式 1、模式 2、模式 3、模式 4、模式 5、模式 6。

六种运行模式涵盖了所有的反应堆运行状态。

模式 1

本运行模式包括如下特性的所有反应堆标准工况：

(1) 一回路满水，稳压器双相状态；

(2) 一回路冷却剂平均温度介于291.7^{+3}_{-2}℃～310 ℃之间；

(3) 一回路系统压力调节至 155±1 bar(a)；

(4) RHR 系统与一回路系统间处于隔离状态；

(5) 反应堆临界，功率保持在核功率的 2%～100%之间；

(6) 慢化剂的温度系数必须是负数（例外情况，在堆芯重新装料后的首次临界而进行的零功率物理试验时，慢化剂的温度系数可以是正值）。

模式 2

本运行模式包括如下特性的所有反应堆标准工况：

(1) 一回路满水，稳压器双相状态；

(2) 一回路系统压力调节至 155±1 bar(a)；

(3) RHR 系统与一回路系统间处于隔离状态；

(4) 反应堆临界或接近临界，功率小于 2% P_n；

(5) 慢化剂的温度系数必须是负数（例外情况，在堆芯重新装料后的首次临界而进行的零功率物理试验时，慢化剂的温度系数可以是正数）。

模式 3

本运行模式包括如下特性的所有反应堆标准工况：

(1) 一回路满水，稳压器双相状态；

(2) 一回路冷却剂平均温度介于 160 ℃～291.7$^{+3}_{-2}$ ℃之间；

(3) 一回路压力介于 24 bar(a)和 155 bar(a)之间；

(4) RHR 系统与一回路系统间处于隔离状态。

模式 4

本运行模式包括如下特性的所有反应堆标准工况：

(1) 一回路满水，稳压器单相或双相状态；

(2) 一回路冷却剂的硼浓度为大于或等于冷停堆所需要的硼浓度；

(3) 一回路冷却剂温度介于 90 ℃～180 ℃之间；

(4) 一回路压力介于 24 bar(a)～30 bar(a)之间；

(5) RHR 系统与一回路系统连接(至少 RHR 系统的入口隔离阀门一路被打开)。

模式 5

本运行模式包括如下特性的所有反应堆标准工况：

(1) 一回路水位为高于 RHR 系统低运行区间的低水位(LOI 水位)；

(2) 一回路冷却剂的硼浓度在 2 300 ppm～2 500 ppm 范围内；

(3) 一回路冷却剂温度介于 10 ℃～90 ℃之间；

(4) 一回路压力小于或等于 30 bar(a)，一回路系统封闭或打开；

(5) RHR 系统与一回路系统相连接。

模式 6

本运行模式包括如下特性的所有反应堆标准工况：

(1) 反应堆厂房换料水池内水位必须高于或等于：

1) 15 米，如果反应堆厂房换料水池内水闸门尚未就位；

2) 15.95 米，如果反应堆厂房换料水池内水闸门已就位；

(2) 一回路冷却剂的硼浓度在 2 300 ppm～2 500 ppm 范围内；

(3) 一回路冷却剂温度介于 10 ℃～60 ℃之间；

(4) 反应堆压力容器的顶盖已被打开；

(5) RHR 系统与一回路系统相连接；

(6) 至少还有一组燃料组件处于反应堆厂房内。

5.3 运行温度压力限制图

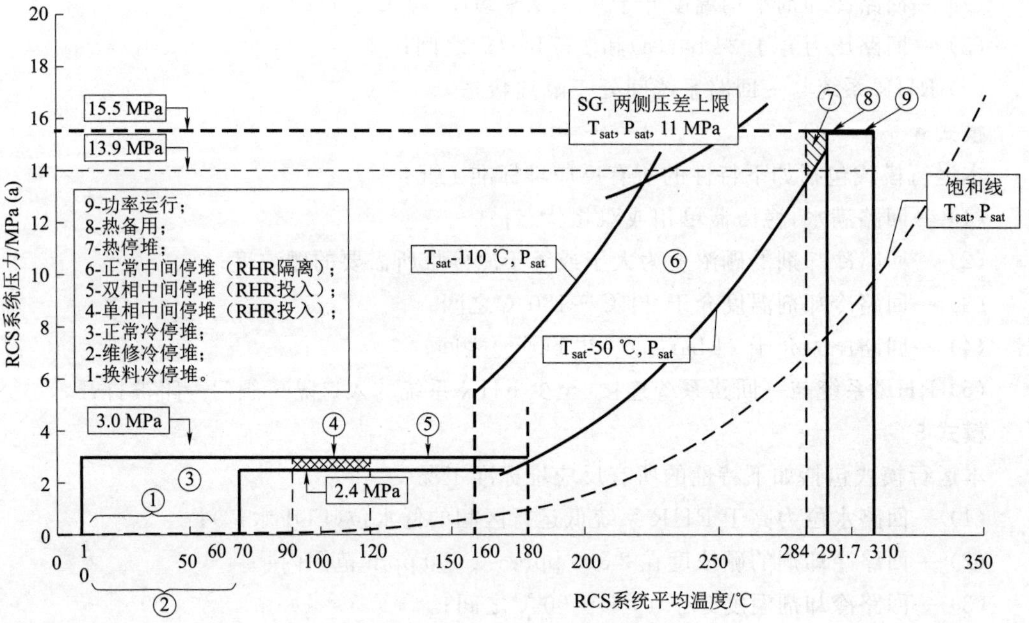

图 5-1 运行温度压力限制图

5.4 电厂启动与停止

(1) 启动的主要步骤

装料及装料后反应堆水池排水

一回路充水排气

对 RCS 进行净化、升温和加药

继续升温和稳压器建立汽腔

隔离 RHR 系统

继续对 RCS 进行升压升温，到达热停堆工况

反应堆达临界

实现 TFM 供水

手动提功率到 10%～16%P_n

汽轮机冲转、并网及升负荷

(2) 停运的主要步骤

降负荷到 70% P_n，TSR001VV 开始关闭

降负荷到 30% P_n，检查汽轮机疏水阀开启

降负荷到 20% P_n，将 TSC 控制模式由 T 模式改为 P 模式

降负荷到汽轮机解列

降功率到热备用状态
从热备用到热停堆
硼化、降温和降压
RHR 系统投入运行
稳压器汽腔淹没
一回路氧化
由 RHR 冷却至冷却堆
一回路排水
压力容器开盖、堆水池充水及卸料

5.5　事故规程体系介绍

事故运行导则是事故规程的指导性文件，描述事故处理策略以及编制事故规程所需的相关信息，是关系到核电厂安全性的重要设计文件。目前国际上广泛采用的事故处理方法有三种：事件导向法、状态导向法和征兆导向法。征兆导向法是以事故分析的概率论方法为基础，通过若干安全相关参量作为征兆来监管核电厂安全，能够有效地处理复杂工况和叠加事故，是国际上最先进的事故处理方法。按照 HAD103 规定，优先采用征兆导向的事故规程来处理设计基准事故和超设计基准事故。福建福清核电厂 5、6 号机组(华龙一号)作为我国自主研发的三代核电机组，采用征兆导向法来开发事故运行导则和事故规程，能够更好地体现其先进性和安全性。

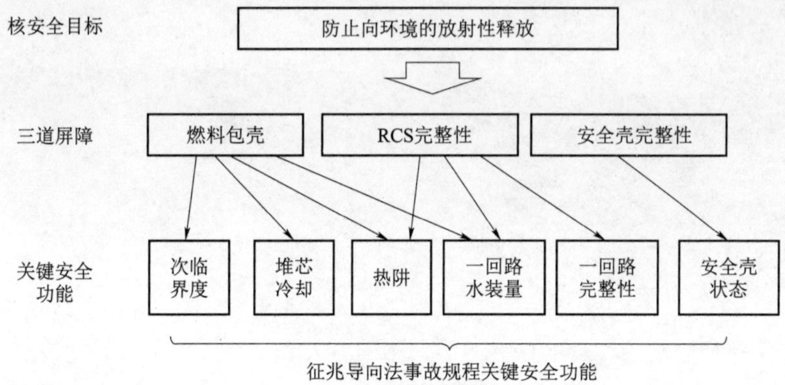

图 5-2　电厂安全功能图

SEOP 规程是在电厂事故工况下，用来指导操纵员采取正确的操作，使电厂恢复到安全稳定状态。整套规程具有完整的一体化系统结构，各规程之间有严密的逻辑关系，其调用和转出都有明确的判据和标识。整套规程由事件导向的最佳恢复规程和征兆导向的功能恢复规程两大类组成。

最佳恢复规程覆盖了设计基准事故和概率相对较高的叠加事故，这种操作基于操纵员对于事故的正确判断和正确选择事故规程并正确地加以执行。

功能恢复规程为操纵员提供一套系统方法，保证在操纵员进行事故判断和进行恢复操作期间，电厂的关键安全功能能够得到保障，电厂能够被维持在安全状态。

执行功能恢复规程只是尽力使电厂处于安全状态，为操纵员判断事故和处理事故争取更多的时间，但并不能将电厂引入长期的安全冷却状态，只有执行最佳恢复规程才能将电厂最终引入长期的安全冷却状态。

附表:华龙一号系统代码一览表

序号	系统代码	系统中文名称
	C	安全壳系统
1	CAM	安全壳大气监测系统
2	CAV	环形空间通风系统
3	CCV	安全壳连续通风系统
4	CFE	安全壳过滤排放系统
5	CHC	安全壳消氢系统
6	CHM	安全壳氢气监测系统
7	CIM	安全壳仪表系统
8	CIS	堆腔注水冷却系统
9	CLM	安全壳泄漏监测系统
10	CPV	反应堆堆坑通风系统
11	CSP	安全壳喷淋系统
12	CSV	安全壳换气通风系统
13	CUP	安全壳空气净化系统
	E	电气系统
	EA	220 V 交流电
14	EAA	220 V 交流重要负荷电源系统(第一保护组)
15	EAB	220 V 交流重要负荷电源系统(第二保护组)
16	EAC	220 V 交流重要负荷电源系统(第三保护组)
17	EAD	220 V 交流重要负荷电源系统(第四保护组)
18	EAE	220 V 交流不间断电源系统(系统 A2)
19	EAF	220 V 交流不间断电源系统(NX 厂房)
20	EAG	220 V 交流不间断电源系统(系统 A1)
21	EAH	220 V 交流不间断电源系统(系统 B1)
22	EAK	220 V 交流不间断电源系统(YA 除盐水车间和 VA 辅助锅炉厂房)
23	EAL	220 V 交流不间断电源系统(UA/UD 厂房)
24	EAM	220 V 交流不间断电源系统(TC 厂房)
25	EAN	220 V 交流不间断电源系统(TC 厂房辅助开关站)
26	EAP	220 V 交流不间断电源系统(系列 B2)
27	EAQ	220 V 交流不间断电源系统(TC)
28	EAR	220 V 交流不间断电源系统(TC)
29	EAS	220 V 交流不间断电源系统(TC)

续表

序号	系统代码	系统中文名称
	EB	24 V 直流电
30	EBG	24 V 直流电源系统(DA 厂房)
31	EBT	24 V 直流电源系统(DY 厂房)
32	EBW	24 V 直流电源系统(DB 厂房)
	EC	48 V 直流电(主要)
33	ECA	机组 48 V 直流电源系统系列 A
34	ECC	常规岛热控 48 V 直流电源系统
35	ECB	机组 48 V 直流电源系统系列 B
36	ECD	48 V 直流电源系统(NX 厂房)
37	ECM	48 V 直流电源系统(主开关站)
	ED	110 V 直流电
38	EDA	110 V 直流电源系统系列 A
39	EDB	110 V 直流电源系统系列 B
40	EDG	110 直流电源系统(NX 厂房)
41	EDJ	110 V 直流电源系统(6.6kV 断路器)
42	EDK	110 V 直流电源系统(YA 厂房除盐水车间和 VA 厂房辅助锅炉)
43	EDL	110 V 直流电源系统(UA 和 UD 厂房)
44	EDM	110 V 直流电源系统
45	EDH	110 V 直流电源系统(TC)
46	EDN	110 V 直流电源系统(TC)
47	EDO	110 V 直流电源系统(JX)
48	EDP	110 V 直流电源系统(EAP)
49	EDQ	110 V 直流电源系统(JX)
50	EDT	110 V 直流电源系统(DY 厂房)
	EE	380 V 应急交流电
51	EEA	低压交流应急电源 380 V 系统系列 A
52	EEB	低压交流应急电源 380 V 系统系列 B
53	EEC	低压交流应急电源 380 V 系统系列 A
54	EED	低压交流应急电源 380 V 系统系列 B
55	EEE	低压交流应急电源 380 V 系统系列 A
56	EEF	低压交流应急电源 380 V 系统(SL+安全壳环形空间左+LX+DX 厂房应急照明系列 A)
57	EEG	低压交流应急电源 380 V 系统(柴油机辅助设备-系列 A)
58	EEH	低压交流应急电源 380 V 系统(SR+安全壳环形空间右+KX+RX +KY+DY+主控室应急照明系列 B)
59	EEI	低压交流应急电源 380 V 系统系列 A
60	EEJ	低压交流应急电源 380 V 系统系列 B

续表

序号	系统代码	系统中文名称
61	EEK	低压交流应急电源 380 V 系统系列 A
62	EEL	低压交流应急电源 380 V 系统系列 B
63	EEM	低压交流应急电源 380 V 系统(NX+QX+AR+FR 厂房应急照明)
64	EEN	低压交流应急电源 380 V 系统系列 A
65	EEO	低压交流应急电源 380 V 系统系列 B
66	EEP	380 V 厂用应急电源系统
67	EER	380 V 厂用应急电源系统
68	EES	SBO 电源系统
69	EET	低压交流应急电源 380 V 系统(厂区附加柴油机辅助设备)
70	EEW	低压交流应急电源 380 V 系统(柴油机辅助设备-系列 B)
71	EEZ	低压交流应急配电屏 380 V 系统(UG 厂房)
	EL/ER/EP	380 V 交流电正常
72	ERA	低压交流电源 380 V 系统(核岛辅助设备)
73	ERB	低压交流电源 380 V 系统(核岛辅助设备)
74	ERC	低压交流电源 380 V 系统(核岛辅助设备)
75	ELD	低压交流电源 380 V 系统(BX 楼)
76	ERD	低压交流电源 380 V 系统(电气厂房)
77	ELE	低压交流电源 380 V 系统(BX 厂房)
78	ERE	低压交流电源 380 V 系统(核岛辅助设备)
79	ERF	低压交流电源 380 V 系统(主厂房厂用)
80	ERG	低压交流电源 380 V 系统(主厂房厂用)
81	ELH	380 V 交流电源系统(泵房)
82	ERH	380 V/220 V 工作段系统(JX)
83	EPH	380 V/220 V 工作段系统(TC)
84	ELI	380 V/220 V 工作段系统(TC)
85	ERI	低压交流电源 380 V 系统(NX 厂房)
86	ERJ	低压交流电源 380 V 系统(NX 厂房)
87	ELK	低压交流电源 380 V 系统(公用设施)
88	ELL	低压交流电源 380 V 系统(UG 厂房)
89	ERL	低压交流电源 380 V(燃料厂房)
90	ELM	低压交流电源 380 V 系统(AC 厂房)
91	ELN	低压交流电源 380 V 系统(AL 厂房)
92	ELO	380 V 电源系统(ZC 厂房)
93	ELP	低压交流电源 380 V 系统(主厂房通风装置)
94	ERP	380 V 交流正常配电系统(NX 厂房)
95	ELQ	低压交流电源 380 V 系统(主厂房厂用)

续表

序号	系统代码	系统中文名称
96	ELR	低压交流电源 380 V 系统(主厂房厂用)
97	ELS	低压交流电源 380 V 系统(废物辅助厂房)
98	ERS	低压交流电源 380 V 系统(主厂房通风装置)
99	ELT	低压交流电源 380 V 系统(主厂房通风装置)
100	ERT	低压交流电源 380 V 系统(主厂房厂用)
101	ELU	低压交流电源 380 V 系统(YA 厂房)
102	ERU	低压交流电源 380 V 系统(公用设施)
103	ELV	低压交流电源 380 V 系统(YA 厂房)
104	ELW	380 V 电源系统(ZC 厂房)
105	ELX	BOP 辅助设备 380 V 交流电源系统(AC)
106	ERX	低压交流电源 380 V 系统(常规岛精处理)
107	ELY	低压交流电源 380 V 系统(AA1 厂房)
108	ERY	低压交流电源 380 V 系统(常规岛精处理)
109	ELZ	低压交流电源 380 V 系统(AA1 厂房)
	EM	6.6 kV 交流电(主要)
110	EMA	6.6 kV 交流应急配电系统系列 A
111	EMB	6.6 kV 交流应急配电系统系列 B
112	EMM	6.6 kV 交流厂区附加电源配电系统
113	EMP	6.6 kV 交流应急电源系统-系列 A
114	EMQ	6.6 kV 交流应急电源系统-系列 B
115	EMS	6.6 kV 交流厂区附加电源系统
116	EMT	6.6 kV 交流应急电源切换及连接系统
117	EMY	EMY 低压 380 V 交流系统(EM)
118	EMZ	低压 380 V AC 发电机组系统(UG)
	EN	220 V 交流电
119	ENA	220 V 交流正常电源和配电系统
120	ENB	220 V 交流正常电源和配电系统
121	ENC	220 V 交流电源系统(常规岛)
122	END	220 V 交流电源系统(常规岛)
123	ENE	220 V 交流应急电源系统(常规岛)
	ES	6.6 kV 配电系统
124	ESA	6.6 kV 交流正常配电系统 A
125	ESB	6.6 kV 交流正常配电系统 B
126	ESC	6.6 kV 交流正常配电系统 C
127	ESD	6.6 kV 交流正常配电系统 D
128	ESE	6.6 kV 交流正常配电系统 E

续表

序号	系统代码	系统中文名称
129	ESF	6.6 kV 交流正常配电系统 F
130	ESH	6.6 kV 中压共用及厂区配电系统 A
131	ESI	6.6 kV 中压共用及厂区配电系统 B
132	ESJ	辅助变压器 6.6kV 配电系统
133	ESR	辅助电源系统
		其他电气系统
134	EAU	72 h 交流不间断电源系统(系列 A)
135	EAV	72 h 交流不间断电源系统(系列 B)
136	ETA	蓄电池试验回路系统
137	ETB	蓄电池试验回路系统
138	ETC	常规岛直流和 UPS 系统
139	ETE	72 h 直流电源系统(系列 A)
140	ETF	72 h 直流电源系统(系列 B)
141	ETI	常规岛检修供电系统
142	ETL	试验回路系统
143	ETM	主变压器和高压厂用变压器系统
144	ETP	防雷接地系统
145	ETR	大修期间再供电系统
146	ETT	500 kV 超高压系统
147	ETU	220 V 直流电源系统
	F	消防系统
148	FAD	火灾自动报警系统
149	FAS	常规岛自动喷水灭火
150	FBD	子项消防水分配系统
151	FCG	常规岛固定式气体灭火系统
152	FDP	柴油发电机厂房消防系统
153	FEP	电气厂房消防系统
154	FMP	移动式和便携式消防设备
155	FNP	核岛消防系统
156	FSD	厂区消防水分配系统
157	FSP	安全厂房消防系统
158	FSW	厂区消防水生产系统
159	FWD	核岛消防水分配系统
160	FWP	核岛消防水生产系统
	H	起重及电梯系统
161	HBP	BOP 厂房起重设备

续表

序号	系统代码	系统中文名称
162	HCI	常规岛主厂房起重系统
163	HEB	BOP 电梯系统
164	HEC	常规岛主厂房电梯系统
165	HEN	核岛厂房电梯
166	HFL	燃料厂房起重设备
167	HMI	反应堆外围厂房起重设备
168	HNA	核辅助厂房起重设备
169	HPX	联合泵房起重设备
170	HQX	核废物厂房起重设备
171	HRT	反应堆厂房起重设备
172	HSC	安全厂房起重设备
173	HWS	放射性机修及去污车间
	I	仪控系统
174	IAM	控制区出入监测系统
175	IAW	核辅助厂房三废处理控制系统
176	ICP	全厂辐射监测便携式仪表校准设备
177	IDA	试验数据采集系统
178	IEM	环境辐射和气象监测系统
179	IGR	电网电表和故障录波系统
180	IIC	电厂计算机信息和控制系统
181	ILP	500 kV 线路保护系统
182	ILV	松脱部件和振动监测系统
183	IMC	主控制室系统
184	IPC	电站过程控制机柜
185	IRM	电厂辐射监测系统
186	IRS	远程停堆站系统
187	ISA	厂区出入口控制系统
188	ISI	地震仪表系统
189	ISM	安保集成管理系统
190	ISN	开关站仪表和控制设备系统
191	ITI	试验仪表系统
192	IUR	机组电表和故障录波系统
	L	照明系统
	LE	应急照明
193	LEA	运行服务厂房应急照明系统(包括 FR 厂房)
194	LEB	BOP 厂房和 BOP 区域应急照明系统

续表

序号	系统代码	系统中文名称
195	LEK	核燃料厂房应急照明系统(包括 DY,KY)
196	LEL	电气厂房应急照明系统(包括 DX)
197	LEM	常规岛主厂房应急照明系统
198	LES	安全厂房应急照明系统(包括安全壳环形空间)
199	LEN	核辅助厂房应急照明系统
200	LEP	循环水泵站应急照明系统
201	LEQ	废物辅助厂房应急照明系统
202	LER	反应堆厂房应急照明系统
	LN	正常照明
203	LNA	运行服务厂房正常照明系统(包括 FR 厂房)
204	LNB	BOP 厂房和 BOP 区域正常照明系统
205	LNK	核燃料厂房正常照明系统(包括 DY、KY)
206	LNL	电气厂房正常照明系统(包括 DX)
207	LNS	安全厂房正常照明系统(安全壳环形空间)
208	LNM	常规岛主厂房正常照明系统
209	LNN	核辅助厂房正常照明系统
210	LNP	循环水泵房正常照明系统
211	LNQ	废物辅助厂房正常照明系统
212	LNR	反应堆厂房正常照明系统
	LQ/LS/LT	其他照明、通信或闭路电视系统
213	LQT	固体废物厂房闭路电视系统
214	LSC	厂区通信系统
215	LSL	厂区照明系统
216	LSM	厂区报警与监视系统
217	LTV	闭路电视系统
	P	非能动系统
218	PCS	非能动安全壳热量导出系统
219	PRS	二次侧非能动余热排出系统
	R	反应堆相关
220	RHT	特殊工艺管线电伴热系统
221	RBM	反应堆硼和水补给系统
222	RCS	反应堆冷却剂系统
223	RCV	化学和容积控制系统
224	REB	应急硼注入系统
225	RFH	燃料操作与贮存系统
226	RFT	反应堆换料水池和乏燃料水池的冷却和处理系统

续表

序号	系统代码	系统中文名称
227	RHR	余热排出系统
228	RII	堆芯测量系统
229	RND	核岛氮气分配系统
230	RNI	核仪表系统
231	RNS	核取样系统
232	RPC	棒控和棒位系统
233	RRP	反应堆保护系统
234	RRS	控制棒驱动机构电源系统
235	RRV	控制棒驱动机构通风系统
236	RSI	安全注入系统
237	RVD	核岛疏水排气系统
	T	汽轮发电机 蒸汽转换系统
	TF	给水系统
238	TFA	辅助给水系统
239	TFC	凝结水精处理系统
240	TFD	主给水除氧器系统
241	TFE	凝结水抽取系统
242	TFH	高压给水加热器系统
243	TFL	低压给水加热器系统
244	TFM	主给水流量控制系统
245	TFO	电动主给水泵油系统
246	TFP	电动主给水泵系统
247	TFR	给水加热器疏水回收系统
248	TFS	启动给水系统
249	TFV	低压交流电源(380 V)系统(AR 厂房)
	TG	发电机系统
250	TGC	发电机定子冷却水系统
251	TGH	发电机氢气供应系统
252	TGM	发电机氢气/励磁机空气冷却和温度测量系统
253	TGO	发电机密封油系统
254	TGP	发电机变压器组保护系统
255	TGR	发电机励磁和电压调节系统
256	TGS	发电机并网系统
	TS	蒸汽转换系统
257	TSA	汽机旁路系统-A

续表

序号	系统代码	系统中文名称
258	TSC	汽机旁路系统-C
259	TSD	汽机蒸汽和疏水系统
260	TSM	主蒸汽系统
261	TSR	汽水分离再热器系统
262	TSS	汽轮机轴封系统
	TT	汽轮机系统
263	TTB	蒸汽发生器排污系统
264	TTC	汽机调节油系统
265	TTG	汽轮机调节系统
266	TTL	汽机润滑、顶轴和盘车系统
267	TTO	汽轮机润滑油处理系统
268	TTP	汽轮机保护系统
269	TTR	汽机和给水加热装置停运期间的保养系统
270	TTU	汽轮机监视系统
271	TTV	凝汽器真空系统
	V	通风系统
272	VAC	热机修车间和仓库通风系统(AC 厂房)
273	VAG	EC 厂房通风系统
274	VAL	厂区实验室通风系统(AL 厂房)
275	VCA	化学加药间通风系统
276	VCF	电缆层通风系统
277	VCI	常规岛主厂房通风系统
278	VCL	主控制室空调系统
279	VCP	上充泵房应急通风系统
280	VCR	设备冷却水房间及消防泵房通风系统
281	VCV	循环水泵站通风系统
282	VDS	柴油机房通风系统
283	VDY	厂区附加电源柴油机发电机厂房通风空调系统
284	VEB	电气柜间通风系统
285	VEC	控制柜间通风系统
286	VEE	电气厂房机械设备区通风系统
287	VES	电气厂房及安全厂房防排烟系统
288	VFL	核燃料厂房通风系统
289	VHL	热洗衣房通风系统
290	VHX	制氯站通风系统(HX 厂房)
291	VLO	润滑油转运站通风系统

续表

序号	系统代码	系统中文名称
292	VMO	安全厂房机械设备区通风系统
293	VNA	核辅助厂房通风系统
294	VPF	厂区消防泵房通风空调系统
295	VPX	重要厂用水泵站通风系统(PX 厂房)
296	VRW	核废物厂房通风系统
297	VTD	220 kV GIS 开关站 TD 和辅助配电间 JX 通风系统
298	VUA	控制区和保护区大门通风系统
299	VUG	保安楼通风系统
300	VYA	除盐水车间通风系统(YA 厂房)
301	VZA	制氢站通风系统(ZA/ZB 厂房)
302	VZC	空压机房通风系统(ZC 厂房)
	W	压缩空气及水系统等辅助系统
303	WAC	运行服务厂房冷冻水系统
304	WAI	仪用压缩空气分配系统
305	WAP	压缩空气生产系统
306	WAS	公用压缩空气分配系统
307	WCC	设备冷却水系统
308	WCF	循环水过滤系统
309	WCI	常规岛闭式冷却水系统
310	WCL	循环水泵润滑系统
311	WCP	阴极保护系统
312	WCR	化学加药系统
313	WCS	常规岛水汽取样分析系统
314	WCT	循环水处理系统
315	WCV	运行服务厂房通风系统
316	WCW	循环水系统
317	WDC	清洗去污系统
318	WDP	除盐水生产系统
319	WND	核岛除盐水分配系统
320	WCD	常规岛除盐水分配系统
321	WEC	电气厂房冷冻水系统
322	WES	重要厂用水系统
323	WGD	厂用气体贮存和分配系统
324	WHD	热水生产和分配系统
325	WHS	氢气贮存与分配系统
326	WLC	常规岛废液收集系统

续表

序号	系统代码	系统中文名称
327	WNC	核岛冷冻水系统
328	WOD	废油和非放射性水排放系统
329	WOS	汽轮机润滑油存储和输送系统
330	WPW	饮用水系统
331	WQB	常规岛液态流出物排放系统
332	WQX	热洗衣房系统(QX)
333	WRW	生产水系统
334	WSC	安全厂房冷冻水系统
335	WSD	辅助蒸汽分配系统
336	WSR	放射性废水回收系统(核岛—机修车间—厂区实验室)
337	WSS	电站污水系统
338	WST	蒸汽转换器系统
339	WUC	辅助冷却水系统
340	WWC	核废物厂房冷却水系统
	Z	三废系统
341	ZBR	硼回收系统
342	ZDT	可降解废物处理系统
343	ZGT	废气处理系统
344	ZLD	核岛液态流出物排放系统
345	ZLT	废液处理系统
346	ZST	固体废物处理系统
		虚拟系统
347	CIL	安全壳隔离系统
348	CMF	流体化学监测
349	ETG	电源转换试验
350	ETO	I&C 电源失电试验
351	IPI	过程仪表系统
352	IRA	辐射测量
353	MFS	冲洗
354	MPS	管道移位和支架检查
355	MTA	核岛系统综合试验(到装料准备阶段)
356	MTB	核岛系统综合试验(从装料到满功率)
357	OOS	总体运行系统
358	RCT	堆芯合格试验
359	RRC	反应堆控制系统